BIM5D协同工程项目管理

主 编　范如君　朱俊乐

副主编　徐　飞

北京理工大学出版社

BEIJING INSTITUTE OF TECHNOLOGY PRESS

内 容 提 要

本书是以项目化教学方法编写的，以BIM5D平台为基础的，围绕工程项目管理过程中所涉及的进度管理、质量管理、安全生产管理、成本管理等应用内容的活页式教学用书。全书各部分内容均以典型的建筑工程案例讲解，主要内容包括：建设工程三维算量建模、建设工程清单计价、项目进度计划编制、BIM5D文档管理、BIM5D模型管理、BIM5D进度协同管理、BIM5D质量安全协同管理、BIM5D成本管理等。全书按照《建筑信息模型施工应用标准》（GB/T 51235—2017）及其相关规范、标准等文件编写。

本书可作为高等院校建设工程管理、工程造价、建筑工程技术和其他相近专业的教学用书，也可作为建筑类本科建设工程管理相关专业的教学用书，还可作为从事建设工程管理的工程管理技术人员的参考用书，特别适用于建设工程管理岗位的从业者及初学者。

图书在版编目（CIP）数据

BIM5D协同工程项目管理／范如君，朱俊乐主编.--
北京：北京理工大学出版社，2024.7
　ISBN 978-7-5763-3051-9

Ⅰ.①B… Ⅱ.①范… ②朱… Ⅲ.①建筑工程－工程施工－项目管理－计算机辅助管理－应用软件－教材
Ⅳ.①TU712.1-39

中国国家版本馆CIP数据核字（2023）第207432号

责任编辑：时京京　　　　**文案编辑**：时京京
责任校对：刘亚男　　　　**责任印制**：王美丽

出版发行 / 北京理工大学出版社有限责任公司

社　　址 / 北京市丰台区四合庄路6号

邮　　编 / 100070

电　　话 / （010）68914026（教材售后服务热线）
　　　　　　（010）68944437（课件资源服务热线）

网　　址 / http://www.bitpress.com.cn

版 印 次 / 2024年7月第1版第1次印刷

印　　刷 / 河北鑫彩博图印刷有限公司

开　　本 / 787 mm×1092 mm　1/16

印　　张 / 16.5

字　　数 / 400千字

定　　价 / 89.00元

2015年，住房和城乡建设部下发《关于推进建筑信息模型应用的指导意见》，非常细致地指出涉及建筑业的单位应用BIM的探索方向，阐述了BIM的应用意义、基本原则、发展目标及发展重点。

2016年，住房和城乡建设部下发的《2016—2020年建筑业信息化发展纲要》，多次提到了BIM一词，特别强调了BIM与大数据、智能化、移动通信、云计算、物联网等信息技术部集成应用能力。

2017年，国务院下发的《国务院办公厅关于促进建筑业持续健康发展的意见》，提出："积极支持建筑业科研工作，大幅提高技术创新对产业发展的贡献率。加快推进建筑信息模型（BIM）技术在规划、勘察、设计、施工和运营维护全过程的集成应用，实现工程建设项目全生命周期数据共享和信息化管理，为项目方案优化和科学决策提供依据。"

提升生产力是行业避不开的话题，BIM技术的应用是行业发展的必然趋势。对企业而言，提升管控效率、降低成本是取得行业竞争的最重要手段之一；对在校生而言，因为BIM技术仍在一个高发展期，目前，施工单位的落地应用还是主流，全过程应用更对人才具有巨量的需求，掌握BIM5D基本技术，在个人求职和发展方面具有相当大的优势。

2019年4月，教育部、国家发展改革委、财政部、市场监管总局联合印发了《关于在院校实施"学历证书+若干职业技能等级证书"制度试点方案》（简称《试点方案》）。《试点方案》确定了建筑信息模型（BIM）职业技能等级证书为首批试点的职业技能等级证书。

BIM5D项目协同管理课程为项目化综合性课程，本书基于项目管理业务逻辑，以BIM5D施工项目管理平台应用为基础，围绕项目管理案例实操为主线进行编写。为推进线上线下混合式教学，本书在"职教云"平台（zjy2.icve.com.cn/）配套开设了"BIM5D协同项目管理"在线开放课程，读者可登录"职教云"平台，使用"智慧职教+"App扫码（扫描右侧二维码），进行"BIM5D协同项目管理"课程学习。

本书由广东水利电力职业技术学院范如君、深圳市斯维尔科技股份有限公司朱俊乐担任主编，由深圳市斯维尔科技股份有限公司徐飞担任副主编。本书的编写得到了广东水利电力职业技术学院黄强、刘香情、张黎的建模资源支持，另外，深圳市斯维尔科技股份有限公司对本书编写给予了大力支持，在此一并感谢！

由于编者水平有限，书中难免存在疏漏之处，敬请各位读者批评指正。

编　者

目 录

第1篇 BIM5D 数据来源

学习任务1　BIM—三维算量 for Revit

三维算量 for Revit 利用 Revit 设计模型，根据中国国际清单规范和全国各地定额工程量计算规则，直接在 Revit 平台上完成工程量计算分析，快速输出计算结果，可同时输出清单量、定额量、实物量。

能力目标

1. 能够熟悉三维算量 for Revit 算量流程。
2. 能够掌握三维算量 for Revit 算量流程的操作步骤及方法。

学习情境描述

某住宅建筑面积约为 272 m^2，框架结构，建筑基底面积为 125.4 m^2。地下 0 层，地上 3 层，建筑高度为 10.5 m。一层层高均为 3.9 m，二层层高为 3.3 m，出屋顶楼层层高为 3 m，屋面形式为坡屋顶。门窗装饰等，学员自定。

在 BIM—三维算量 for Revit 中，对项目进行工程设置、模型映射、自动套、汇总计算、统计、报表等操作。

教学流程与活动

1. 明确学习任务。
2. 设置工程的方法、模型映射。
3. 自动套、汇总计算、统计、报表。
4. 评价反馈。

学习活动1 明确学习任务

学习领域编号－1－1	学习情境 明确学习任务		页码：1
姓名：	班级：		日期：

▶▶ 能力目标

1. 能够明确 BIM—三维算量 for Revit 的主要作用。
2. 能够熟悉三维算量 for Revit 的主要流程及操作步骤。
3. 具备组织协调、合作完成工作任务的能力。
4. 具备利用网络资源自我学习的能力。

▶▶ 任务书

识读某住宅项目建筑施工图中的总平面图、平面图、立面图、剖面图、详图；识图结构施工图中的梁、板、柱、墙平面图；通过网络课程等资源认识 BIM—三维算量 for Revit 的主要作用，明晰 BIM—三维算量技术发展的价值及应用。

▶▶ 任务分组

填写学生任务分配表(表 1-1-1)。

表 1-1-1 学生任务分配表

班级		组号		指导教师	
组长		学号			
组员	姓名	学号	姓名	学号	备注

任务分工：_____

_____

_____

_____

▶▶ 工作准备（获取信息）

阅读工作任务书，总结描述任务名称及要求；通过网络课程预习认识 BIM—三维算量。

▶▶ 工作实施

分析并掌握三维算量 for Revit 的主要流程及操作步骤。

▶▶ 引导问题

三维算量 for Revit 的流程包括哪些？

▶▶ 学习情境相关知识点

三维算量步骤如图 1-1-1 所示。

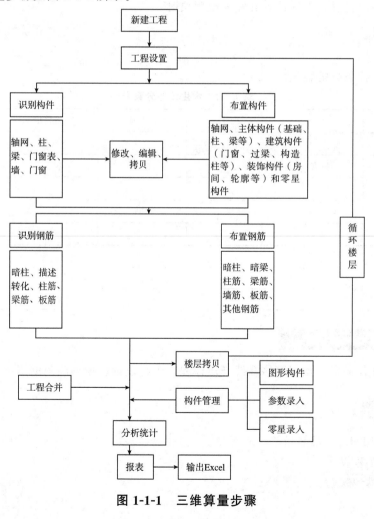

图 1-1-1　三维算量步骤

学习活动 2　设置工程、模型映射

学习领域编号－1－2	学习情境　设置工程、模型映射	页码：1
姓名：	班级：	日期：

>>> **能力目标**

1. 能够了解 BIM—三维算量 for Revit 启动的方法。
2. 能够掌握工程设置方法。
3. 能够掌握模型映射的步骤及方法。

>>> **任务书**

对某住宅项目进行工程设置并完成模型映射。

>>> **任务分组**

填写学生任务分配表（表 1-2-1）。

表 1-2-1　学生任务分配表

班级			组号		指导教师	
组长			学号			
组员	姓名	学号	姓名	学号	备注	

任务分工：_____

_____

>>> **工作准备（获取信息）**

阅读工作任务书，预习网络在线开放课程中工程设置、模型映射的资源。

>>> **工作实施**

1. 启动 BIM—三维算量 for Revit。
2. 进行工程设置。
3. 进行模型映射。

》》引导问题1

简述启动 BIM—三维算量 for Revit 的操作步骤。

【小提示】BIM—三维算量 for Revit 启动

程序安装完成之后，默认会在桌面上生成快捷图标，双击桌面上的 BIM —三维算量 for Revit 快捷图标，即可启动 BIM—三维算量 for Revit。

单击界面中的"立即启动"按钮，可以立即启动 BIM—三维算量 for Revit，同时，也可以启动 Revit。启动界面右下角可选择 Revit 版本，如 Revit 2016 等。

》》引导问题2

如何进行工程设置中的计量模式设置？

》》引导问题3

简述如何进行算量选项。

【小提示】计量模式

功能说明：设置所做工程的一些基本信息。

菜单位置："BIM—三维算量 for Revit"→"工程设置"。

执行命令后，弹出"工程设置"对话框，共有 5 个项目页面，单击"上一步"或"下一步"按钮，或直接单击左侧选项栏中的项目名称，就可以在各页面之间进行切换，如图 1-2-1 所示。

图 1-2-1 "工程设置"对话框

选项如下：

（1）"工程名称"：软件将自动读取 Revit 工程文件的工程名称，指定本工程的名称。

（2）"计算依据"：定额模式是指仅按定额计算规则计算工程量，清单模式是指同时按照清单和定额两种计算规则计算工程量。模式选择完成后在对应下拉选项中选择对应省份的清单、定额库。

（3）"输出模式"：分为"清单"和"定额"两个选项卡，对清单、定额设置相应输出清单、定额模式的选择，清单模式下可以对构件进行清单与定额条目挂接；定额模式下只可对构件挂接定额做法；构件不需要挂清单或定额时，以实物量方式输出工程量，清单模式下其实物量有按清单规则和定额规则输出工程量的选项；定额模式下其实物量按定额规则输出实物量。

（4）"楼层设置"：设置正负零距室外地面的高差值，此值用于计算土方工程量的开挖深度。在 BIM—三维算量 for Revit 的各对话框中，提示文字为蓝颜色字体，说明栏中的内容为必须注明内容按需设置，否则会影响工程量计算。

（5）"超高设置"：单击该按钮，弹出"超高设置"对话框，如图 1-2-2 所示。

图 1-2-2 "超高设置"对话框

　　"超高设置"用于设置定额规定的柱、板、墙标准高度，水平高度超过了此处定义的标准高度时，其超出部分就是超高高度。

　　(6)"相关设置"：可以看到项目中的算量分组计算信息。

　　(7)"算量选项"：用于用户自定义一些算量设置，显示工程中计算规则。包括 5 个内容，分别是"工程量输出""扣减规则""参数规则""规则条件取值""工程量优先顺序"，如图 1-2-3 所示。

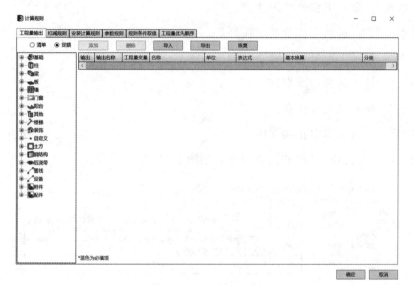

图 1-2-3　计算规则

　　1)"工程量输出"：输出工程的清单定额工程量，如图 1-2-4 所示。

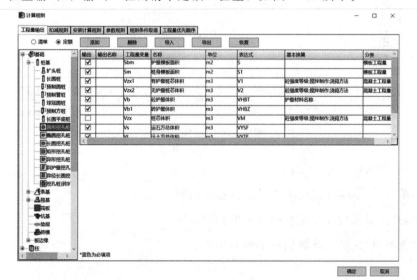

图 1-2-4　工程量输出

对话选项和按钮解释如下：

①"清单"：显示输出清单工程量。

②"定额"：显示输出定额工程量。

③"工程量变量"：显示工程量变量符号。

④"名称"：显示工程量变量名称。

⑤"表达式"：显示工程量的表达式。

⑥"基本换算"：显示工程量基本换算量。

⑦"分类"：显示工程量属于哪个分类。

⑧"导入"：导入新的扣减规则。

⑨"恢复"：恢复成系统信息。

⑩"导出"：导出工程中扣减规则。

2)"扣减规则"：显示工程的扣减规则，如图 1-2-5 所示。

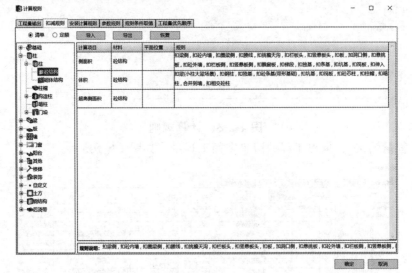

图 1-2-5　扣减规则

对话选项和按钮解释如下：

①"清单"：显示构件在清单中显示的扣减规则。

②"定额"：显示构件在定额中显示的扣减规则。

③"计算项目"：显示计算构件的所有项目。

④"材料"：显示构件使用材料。

⑤"平面位置"：显示构件所在位置，如外墙或内墙等。

⑥"规则"：显示构件扣减规则。

⑦"导入"：导入新的扣减规则。

⑧"导出"：导出工程中的扣减规则。

⑨"恢复"：恢复成系统信息。

3)"参数规则"：显示工程量中构件中的参数计算规则，如图 1-2-6 所示。

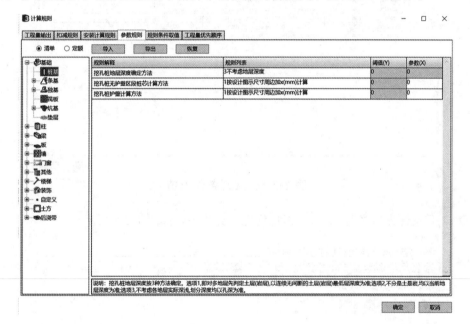

图 1-2-6　参数规则

对话选项和按钮解释如下：

①"清单"：显示构件在清单中显示的参数规则。

②"定额"：显示构件在定额中显示的参数规则。

③"规则解释"：显示对参数规则进行解释说明。

④"规则列表"：显示参数规则列表。

⑤"阈值"：显示参数阈值。

⑥"参数"：显示参数值。

⑦"导入"：导入新的扣减规则。

⑧"恢复"：恢复成系统信息。

⑨"导出"：导出工程中扣减规则。

4)"规则条件取值"：显示工程量计算规则条件的取值，如图 1-2-7 所示。

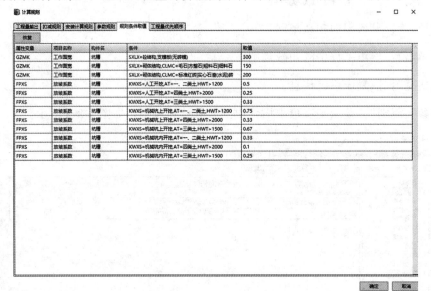

图 1-2-7　规则条件取值

5)"工程量优先顺序"：显示工程量优先计算顺序，如图 1-2-8 所示。

图 1-2-8　工程量优先顺序

（8）"分组编号"：用于用户自定义一些分组编号，颜色可以自主选择，也可以标注各个分组里面的构件(图 1-2-9)。

图 1-2-9　分组编号

（9）"计算精度"：用于设置算量的计算精度，单击"计算精度"按钮，弹出"计算精度"对话框(图 1-2-10)。

图 1-2-10　"计算精度"对话框

可以设置分析与统计结果的显示精度，即小数点后的保留位数。这里的默认值按《全国统一建筑工程预算工程量计算规则》(GJDGZ 101—1995)第 1.0.4 条确定。

》》》引导问题4

简述如何在工程设置中进行楼层设置。

【小提示】楼层设置

在"工程设置：楼层设置"对话框中，读取工程设置中数值，将楼层分层。楼层设置中数值根据勾选层高，系统将项目中的楼层自动生成，不可改动。单击"归属楼层设置"后的下拉按钮，在下拉列表中可以选择设置楼层标准来显示楼层，如图 1-2-11 所示。

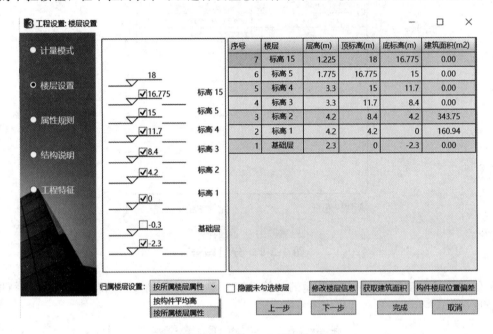

图 1-2-11　"楼层设置"对话框

"获取建筑面积"：建筑面积从工程中获取，从工程中已有的或以后操作中都可以获取到，在"建筑面积"列可以读取到。注：后期操作中标注的建筑面积需要计算完成之后才能在"建筑面积"到获取得到建筑面积。原工程中有已有的建筑面积无须计算得到，直接从工程中读取。

>>> **引导问题**

如何在工程设置中进行结构说明设置、材质设置？

【小提示】结构说明

结构说明中修改砼(混凝土)材料设置、砌体材料设置、抗震等级设置、保护层设置、结构类型设置，在转换、计算中应用(图1-2-12)。

图 1-2-12　结构说明页面

(1)"砼材料设置"：设置页面包含楼层、构件名称、材料名称及对应的强度等级和搅拌制作方式的选取。其中，楼层、构件名称是必须选取的项目，材料名称可以不选，如果材料名称没有可选项，则强度等级需要指定。

1)"楼层选择"：单击楼层单元格后下拉框，弹出"楼层选择"对话框，单击对话框底部的"全选、全清、反选"按钮，可以一次性将所有楼层进行全选、全清、反选操作，选择完成后单击"确定"按钮。

2)"构件选择"：单击构件名称单元格后的下拉框，弹出"构件名称"对话框，操作方法同"楼层选择"。

(2)"砌体材料设置"：操作方法和"砼材料设置"基本相同。

"楼层选择"：单击楼层单元格后的浏览按钮，弹出"楼层选择"对话框，单击对话框底部的"全选、全清、反选"按钮，可以一次性将所有楼层进行全选、全清、反选操作，选择完成后单击"确定"按钮即可。

》》》引导问题6

简述如何在工程设置中进行工程特征设置。

【小提示】工程特征

"工程特征"对话框(图 1-2-13)包含了工程的一些局部特征的设置，填写列表中的内容可以从下拉选择列表中选择，也可以直接填写合适的数值。在这些属性中，蓝色标识属性值为必填的内容，其中地下室水位深是用于计算挖土方时的湿土体积。其他蓝色属性是用于生成清单的项目特征，作为清单归并统计条件。

图 1-2-13　"工程特征"对话框

"工程概况"：含有工程的建筑面积、结构特征、楼层数量等内容。

"计算定义"：含有梁的计算方式、是否计算墙面铺挂防裂钢丝网等设置(图 1-2-14)。

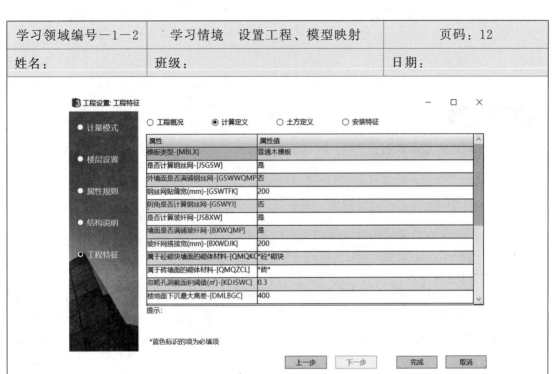

图 1-2-14　计算定义

"土方定义"：含有土方类别的设置、土方开挖的方式、运土距离等设置(图 1-2-15)。

图 1-2-15　土方定义

在对应的设置列表内将内容设置或指定好，系统将按设置进行相应项目的工程量计算，单击"完成"按钮。

>>> **引导问题7**

简述如何进行模型映射。

【小提示】功能说明

将 Revit 构件转化成软件可识别的构件，根据名称进行材料和结构类型的匹配，当根据族名未匹配成理想效果时，执行族名修改或调整转化规则设置，提高默认匹配成功率。

菜单位置："BIM—三维算量 for Revit"的"模型映射"模型转换对话框，如图 1-2-16 所示。

图 1-2-16　"模型映射"对话框

选项：

1)"全部构件"：显示所示构件。

2)"未映射构件"：工程已经执行过模型转化命令，再次打开时，软件将自动切换至未转换构件选项卡，该选项卡下仅显示工程中新增构件与未转换构件。

3)"新添构件"：显示工程在上次转化后，创建的新构件。

4)"搜索"：在搜索框中搜索关键字。

>>> **引导问题8**

如何在工程设置中进行映射规则设置？

【小提示】映射规则

将 Revit 构件转化成软件可识别的构件，根据名称进行材料和结构类型的匹配，当根据族名未匹配成理想效果时，执行族名修改或调整转化规则设置，提高以默认匹配成功率，如图 1-2-17 所示。

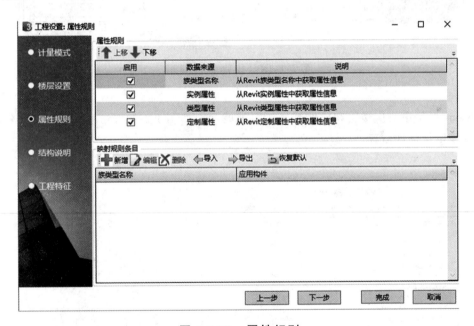

图 1-2-17　属性规则

软件内置默认映射规则，将 Revit 模型属性识别成算量构件属性。其中 Revit 属性的数据来源有族类型名称、实例属性、类型属性和定制属性，数据来源前的启用勾选，表示映射时使用该规则，不勾选则不使用该规则。

当选择表格中的任意一行时，下方将会显示对应的规则条目，如果查阅了条目之后，此处没有满足的需求，可以进行新增、编辑或删除等操作，如图 1-2-18 所示。

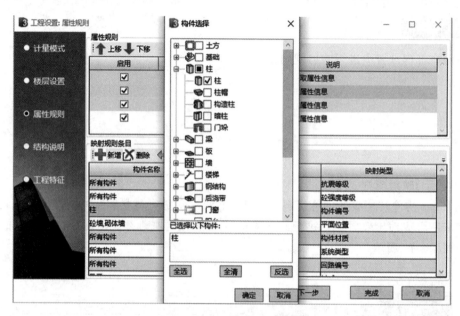

图 1-2-18　规则条目编辑

Revit 模型中对应楼层和构件编号，归类展示，如图 1-2-19 所示。双击"构件名称"，可以直接定位构件后查。

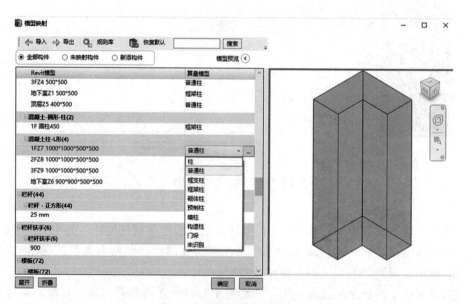

图 1-2-19　构件归类展示

▶▶▶ 引导问题₉

如何在模型映射中进行 Revit 模型构件有关参数设置？

【小提示】Revit 模型

根据 Revit 的构件分类标准，把工程中的构件按族类别、族名称、族类型分类（图 1-2-20）。

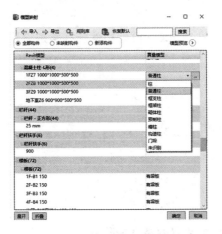

图 1-2-20　算量模型构件分类

单击此列数据可进行转换类别的修改，使用 Ctrl 键或 Shift 键选择多个类型统一修改（图 1-2-21）。

图 1-2-21　模型构件转换类别修改

如果默认类别无法满足需求，可单击下拉列表进行类型设置，如图 1-2-22 所示，选择需要的类别。

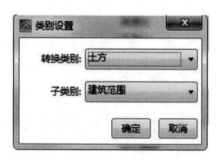

图 1-2-22　模型构件转换类别设置

>>> 引导问题10

如何在模型映射中进行基本操作？

【小提示】基本操作

"展开""折叠"：表格树中节点的基本操作。

"规则库"：构件映射按照名称和关键字间的对应关系进行映射，如图 1-2-23 所示。

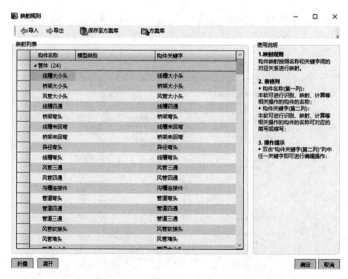

图 1-2-23　映射规则库

"保存至方案库"保存方案，新建方案名称。

"确定"：确定进行转换。

"取消"：放弃此次操作。

规则库是软件将 Revit 模型和算量模型进行对应的依据，单击"规则库"按钮，弹出映射规则库窗口，有构件名称和构件关键字两列，软件通过构件关键字将对应的 Revit 的族类型的名称进行识别然后归并到算量模型中。

设置好映射规则后，如果想将本项目的映射规则运用到其他项目中，可单击"导出"按钮，导出本项目的映射规则保存。在下一个项目中单击"导入"，导入之前保存的映射规则文件即可。

▶▶▶ 引导问题11

简述如何识别结构图。

(1)如何识别楼层表？

(2)如何识别轴网？

(3)如何识别柱体及柱筋、柱筋大样？

(4)如何识别梁体及梁筋？

(5)如何手动布置板及板筋？

(6)如何识别独立基础？

(7)如何识别条形基础？

(8)如何识别混凝土墙？

(9)如何智能布置构造柱？

(10)如何智能布置过梁？

（11）如何智能布置坑槽？

≫≫ 引导问题12

简述如何识别建筑图。

（1）如何剪图？

（2）如何导入图纸？

（3）如何识别建筑图？

（4）如何识别梁表？

▶▶ 学习情境相关知识点

1. 识别结构图

(1)识别楼层表。

1)截图：双击打开软件，选择菜单"文件"的"打开"，导入一张图纸在软件中。在命令行处输入字母"W"，按 Enter 键，弹出"写块"对话框，单击"选择对象"前的"X"图标，接着框选图纸(从右下往左上框选)，单击鼠标右键确定。最后在"文件名和路径"下单击"…"修改保存路径到桌面，再单击"确定"按钮，则框选的图纸就会保存在计算机桌面上。

2)导图：双击打开"三维算量"，弹出"欢迎使用"对话框，单击"新建"工程，单击"是"保存工程，在"新工程"对话框中输入工程名称，单击"打开"按钮，即可完成新建工程。新建工程后，接着弹出"工程设置"对话框。

在"计量模式"对话框中，单击"定额名称"后的下拉按钮，选择定额类型。单击"下一步"，弹出"楼层设置"。如果以前做过类似工程，可使用"导入"命令将相同内容导入本工程中。

在"楼层设置"对话框中，只能输入首层底标高，首层层名不能改动，其他楼层只能输入层高，可以改变楼层名称。一般以结构标高输入。最底层和顶层层高要以方便操作为原则进行设定，即最底层可以选大部分相同的基底或基顶高度作为层高，顶层一般以坡屋顶起始点的高度来设置层高。如果图纸中有楼层表，单击"识别"按钮，可以直接导入楼层信息，单击"确定"按钮，然后单击"下一步"按钮进入"结构说明"对话框。

在"结构说明"对话框中，将强度等级及抗震等级设置好，注意内容不能重6叠。单击"下一步"按钮进入"工程特征"对话框。

在"工程特征"对话框中，设置好工程概况、计算定义、土方定义。单击"下一步"按钮进入"标书封面"对话框。

"标书封面"对话框可以不填写。单击"下一步"按钮进入"钢筋标准"对话框。不用修改直接"完成"即可。

3)单击菜单栏"识别"按钮，在弹出的下拉菜单里选择第一个"导入设计图"选项，弹出"选择插入的电子文档"对话框，选择对话框中的图纸所在位置，单击图纸，单击"打开"按钮。当软件命令行出现"请输入插入点"时，在软件屏幕上适当随意位置单击鼠标左键，图纸即导入定位在软件屏幕中(完成图纸导入)。

　　4)按照1)和2)的步骤，把结构图中楼层表导入到三维算量软件内，单击"工程"菜单下"工程设置"按钮，选择"楼层设置"选项，单击"识别"按钮，框选楼层表，单击鼠标右键。弹出识别楼层表对话框。调整红色的表头，单击确认即可。软件会默认为"二层"，可将其切换为"首层"。

　　(2)识别轴网。

　　1)在三维算量软件中，执行"图纸"菜单下的"导入设计图"命令，将用 W 命令导出的柱子图纸导入，在图面上选择插入位置点，将图纸放在图面上。

　　2)执行"识别"菜单下的"识别轴网"命令，选择轴网所在图层(轴线、轴号、标注)，再单击"自动识别轴网"按钮即可。

　　3)显示和隐藏底图的快捷命令"Ctrl＋I"。

　　(3)识别柱体。执行"识别"菜单下的"识别柱体"命令(保证识别对话框中为空，如果不为空，要单击一下后面的"提取"按钮)，单击柱子所在图层，单击"自动识别"按钮或选用"点选识别"功能，选用"手选边线识别"(指点选构件的围成边线全部选完)也可进行识别。

　　(4)识别柱筋。

　　1)首先从 CAD 内将"柱筋表"导出，在斯维尔三维算量软件中，利用"图纸"菜单下的"导入设计图"命令，将"柱筋表"导入。

　　2)单击菜单下"钢筋"，在下拉菜单中选择"表格钢筋"，在屏幕下面的命令行会弹出"柱表"等选项，单击"柱表"按钮，弹出"柱表钢筋"对话框，单击对话框中的"识别柱表"，弹出"描述转换"对话框，对柱表中的"?"进行转换(单击"?"，单击对话框中的"转换"按钮)，对主筋和箍筋分别进行转换。转换结束后单击"退出"按钮。

　　3)从右下往左上框选整个柱表，单击鼠标右键。对照柱表对表头进行调整后，单击"确认"按钮。

　　4)指定箍筋类型的样式：单击"箍筋名称"列的表格，单击下三角按钮，选择柱箍筋，再选择箍筋类型的样式，最后单击"布置"按钮即可。

5)查看构件是否布置了钢筋的方法：单击"视图"菜单下的"构件辨色"，选择"钢筋"，单击"确定"按钮，布置了钢筋的构件会显示为绿色(板除外)。

(5)计算柱子钢筋的方法。识别柱表、识别大样、柱筋平法和钢筋布置，设计图中没有柱表的情况下，可用平法布置钢筋：

1)删除构件钢筋的方法：单击屏幕左边的"橡皮擦"，按住橡皮擦，选择最后一个按钮，再选择需要删除钢筋的构件，单击鼠标右键即可。

2)执行"钢筋"菜单下的"柱筋平法"命令，选择需要布置钢筋的柱，在对话框中定义好钢筋的相关信息。如果"读钢筋库"中没有图纸上需要的钢筋类型样式，或者柱子形状与"读钢筋库"中的形状不符合，可以按照对话框右侧竖向工具栏的顺序即矩形外箍、自动布置角筋、双边侧钢筋、矩形内箍、内部拉筋的顺序画钢筋。

若边侧钢筋为8根，点取右边工具栏中的"双边侧钢筋"，然后在需要的添加的箍筋内边线上点取需要的钢筋数，点一边，对应边自动增加。

若增加内箍筋，点取右边工具栏中的"矩形内箍"，在需要的添加的内箍筋纵钢筋的位置，单击一点，再在斜对面单击一点，自动增加一个内箍筋，拉筋同此方法(注：点到右侧工具栏的工具，会自动显示该工具的名称)。

若多添加了柱子钢筋，则可以点取右边工具栏中的"删除对象"按钮，再在需要删除的钢筋旁边点上一点，再从这一点起框选要删除的钢筋即可。

3)其中使用将柱筋平法和识别大样的方法可以看到三维立体钢筋效果，柱筋平法三维显示钢筋的设置：钢筋→钢筋选项→计算设置→柱→柱箍筋显示效果→由二维修改为精细。最后单击功能菜单栏中的"图形刷新"按钮即可。

(6)识别柱筋大样。

1)识别柱筋大样前准备：

①先进行柱(暗柱)识别或先定义好编号。

②转换钢筋描述。

③用缩放图纸功能缩放大样图，如果电子图中尺寸标注用CAD的标注对象，软件可以自动根据标注进行缩放。

2）识别柱筋大样过程：

①单击"柱截面图层"后的"提取"按钮，在图纸大样中单击柱子截面边线，单击鼠标右键进行确认。单击"钢筋图层"后的"提取"按钮，在图纸大样中对应单击柱子截面中的钢筋线条，单击鼠标右键确认。单击"标注图层"后面的"提取"按钮，在图纸大样中对应单击柱子的编号和钢筋信息，然后单击鼠标右键确认。框选要识别的大样图，可以框选一个大样或一行大样或整个大样图，单击鼠标右键确认即可。

②识别好大样之后，单击"清除对象"按钮，可以删除临时实体的柱（暗柱），或者删除自定义属性为"临时实体"的柱（暗柱）。

（7）识别梁体。

1）图纸导入：在CAD内将一层梁的图纸用"W"命令导出，在斯维尔三维算量软件中将梁图导入。

2）图纸对齐：利用"移动"（快捷键为M）命令（单击"移动"按钮，框选需要移动的梁图纸，单击鼠标右键，指定轴网的交点，将该交点移动到柱图的指定的轴网的交点即可），将梁图与柱图的轴线对齐。

3）梁体识别：执行"识别"菜单下的"识别梁体"命令，单击梁体所在的图层，单击"自动识别"按钮即可。

（8）识别梁筋。

1）执行"图纸"菜单下的"描述转换"命令，可将梁的标注中有"?"的标注转换成字母。

2）执行"识别"菜单下的"识别梁筋"命令，单击"自动识别"按钮，选择"是"。

3）执行"图纸"菜单下的"清空设计图"命令，将设计图清空。

小技巧：识别梁钢筋用"自动识别"功能之后，发现还有未能被自动识别出来的梁钢筋，可以选择切换"选梁识别"进行单独识别；也可以切换"选梁和文字"进行识别。对于没有配钢筋，或者对于没有CAD电子图，可以选择"梁筋布置"进行手动输入布置即可。

（9）手动布置板。单击"结构"菜单下的"板体布置"命令，新建一块板，指定其相关参数（在布置板时，执行"视图"菜单下的"构件显示"命令，勾选梁和柱子，其他不打勾，图面上只显示柱子和梁），单击屏幕上方的"智能布置"按钮，在梁的封闭区域内单击即可。

（10）识别板筋。

1）从 CAD 内导出板图，在斯维尔三维算量软件中利用"导入设计图"将板图导入，利用"移动"命令将板图与梁柱图对齐。

2）识别板负筋（面筋）：执行"识别"菜单下的"识别板筋"命令，弹出"描述转换"对话框，对板筋描述中的"?"进行转换，单击鼠标右键确认，执行"全自动识别板负筋"命令，选择图面上的一根板负筋，单击鼠标右键即可。

3）识别板底筋：执行"识别"菜单下的"识别板筋"命令，选择"框选识别"，在"钢筋编号"处单击"…"按钮，在钢筋编号中新建一个为"K"的编号，修改其钢筋直径和分布间距。然后在图面上选择互相交叉的两个板底筋，单击鼠标右键即可。

2. 识别建筑图

（1）剪图。双击打开软件，打开菜单"文件夹"，选择需要导入的图纸，单击"打开"把需要导入的图纸导入软件里。在"命令行"处输入字母"W"，按 Enter 键，弹出"写块"对话框，单击"选择对象"前的"X"图标，框选图纸（从右下往左上框选），单击鼠标右键确定。最后单击"文件名和路径"后的"…"按钮修改保存路径为桌面，再单击"确定"按钮，则框选的图纸就会保存在计算机桌面上，退回到"三维算量"界面。

（2）导入。

1）双击打开"三维算量"，弹出"欢迎使用"对话框，单击"新建"按钮，在弹出的"三维算量"对话框中单击"是"保存工程，弹出"新建工程"对话框，在"新建工程"对话框中输入工程名称，单击"打开"，即可完成新建工程。完成新建工程后，弹出"工程设置"对话框，在计算规则处选择好定额和清单计价方法，单击"完成"按钮，即弹出"三维算量"对话框。

2）单击"三维算量"对话框中菜单栏"识别"按钮，在弹出的下拉菜单中选择"导入设计图"，弹出"选择插入的电子文档"对话框，选择对话框中的图纸所在位置（如找到桌面上"新块"），单击剪出来的图纸，再单击"打开"按钮。当软件命令行出现"请输入插入点"时，在软件屏幕上适当位置单击鼠标左键，图纸即导入定位在软件屏幕中（完成图纸导入）。

（3）识别。单击"三维算量"菜单栏中的"识别"，在弹出的下拉菜单中选择"识别建筑"，图纸的颜色发生改变后，即可完成对建筑图的识别。

学习活动3 自动套、计算汇总、统计、报表

学习领域编号－1－3	学习情境 自动套、计算汇总、统计、报表		页码：1
姓名：	班级：		日期：

能力目标

1. 能够按照内置的挂接做法规则为工程中所有符合条件的构件挂接做法。
2. 能够根据选择需要计算的范围，将范围内的所有构件按照相关规则进行汇总计算。
3. 能够根据选择需要统计的范围，将范围内的统计结果以报表形式展现出来。
4. 能够根据构件计算值输出报表。
5. 具备组织协调、合作完成工作任务的能力。
6. 具备利用网络资源自我学习的能力。

任务书

基于某住宅项目，完成挂接做法、构件工程量汇总计算、统计并输出报表。

任务分组

填写学生任务分配表（表1-3-1）。

表1-3-1 学生任务分配表

班级		组号		指导教师	
组长		学号			
	姓名	学号	姓名	学号	备注
组员					

任务分工：_____

_____

_____

工作准备（获取信息）

1. 阅读工作任务书，总结描述任务名称及要求。
2. 预习网络课程中构件自动套、汇总计算、统计并输出报表的课件视频等在线资源。

工作实施

基于某住宅，完成挂接做法、构件工程量汇总计算、统计并输出报表。

>>> **引导问题1**

　　如何完成模型中的构件挂接做法？

【小提示】自动套

　　(1)功能简介：执行"自动套"命令，软件将按照内置的挂接做法规则为工程中所有符合条件的构件挂接做法。

　　功能说明：构件自动套做法。

　　菜单位置："BIM—三维算量 for Revit"→"自动套"，操作完成后的显示如图 1-3-1 所示。

图 1-3-1　自动套做法

　　自动套做法是根据用户选择的楼层和构件名称，分别在所选择的楼层中找所选择的构件，找到构件后再根据在做法库中设置的做法顺序和在做法保存中设置的做法顺序，查找是否有该类构件的做法，如果不存在该类构件的做法，该类构件就是挂接做法失败；如果存在该类构件的做法，系统就根据做法库中的条件进行判断，找到适合的挂接做法；如果没有找到适合的做法，该类构件也是挂接做法失败。

　　(2)模式说明：该界面在初始化时选中当前楼层，在自动套做法时提供了三种方式对构件进行挂接做法，通过"覆盖以前所有做法""只覆盖以前自动套的做法"与"自动套做法后执行统计"几种选择模式来实现，分别对以上模式进行说明：

1)选择了"覆盖以前所有做法"，系统会将覆盖以前自动套做法设置成未选中状态，同时设置成不允许选择，这种状态下所有的构件都会挂接上这次选择的做法。

2)选择了"覆盖以前自动套的做法"，系统在为构件挂接做法时会判断，如果该构件存在做法，同时该做法不是自动套上的，系统就会为该构件挂上本次选择的做法。

3)选择了"自动套做法后执行统计"，系统自动套做法后执行统计命令。

4)如果两个都没选择，这时系统在为构件挂接做法时会判断；如果该构件存在做法（不管是自动套上的还手动选择的），就不会再为该构件挂接做法；如果该构件上不存在做法系统，会为该构件挂接上本次选择的做法。

（3）操作说明：

1)"覆盖以前所有做法"和"只覆盖以前自动套的做法"在操作上，可以两者都不选择，但不能同时都选择，如果选择了"覆盖以前所有做法"，"只覆盖以前自动套的做法"选项将变成灰色，不可被选择。

2)"覆盖以前所有的做法"：该功能是将所选构件的做法都覆盖成自动选择的做法。"只覆盖以前自动套的做法"：系统会根据构件判断构件上是否存在做法，如果存在做法且该做法是手动挂的，该构件的做法不会改变；否则，将全部挂接上自动选择的做法。

3)"覆盖以前所有的做法"和"只覆盖以前自动套的做法"都不选择时，系统会判断构件和编号上是否存在做法。如果构件或是编号上存在做法，就不会改变该构件的做法，否则将挂接自动套的做法。

（4）楼层列表中列出了工程中所有的楼层，构件列表列出了每种类型的所有构件，可以根据具体情况进行选择。

（5）自动套做法的选择是根据做法保存或做法选择中已有做法列表的顺序进行自动条件判断，如果没有找到适合的做法，将挂接做法为空的做法；如果上述都不成功，将提示该构件做法挂接失败。

在自动套做法窗口，选择楼层和构件，对构件完成做法的挂接。构件挂接的做法是在做法维护中完成挂接的。

做法维护功能，在"做法维护"对话框(图 1-3-2)中，左侧是构件树，选中构件后在做法名称对应的表格中单击"增加"按钮，可以增加一条信息。

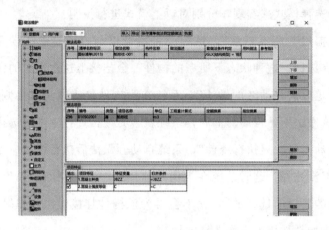

图 1-3-2　做法维护

清单名称在工程设置中进行选择，做法名称需要手动输入，如输入矩形柱—001，套用做法的判定条件，单击"浏览"按钮，弹出"判定条件"对话框，判定条件的含义是用来设定当构件满足所设定的条件时，对该构件进行这一条做法的挂接。

例如，设置"结构类型＝框架柱"，则这一条清单就只会套用给框架梁。接下来在做法项目中增加做法信息，单击"增加"按钮对清单进行挂接，选择一个现浇混凝土柱、矩形柱，就挂接好了一条清单。

》》引导问题₂

如何完成模型中的构件工程量汇总计算？

【小提示】汇总计算

(1)功能说明：在此处选择需要计算的范围，软件迅速地将范围内的所有构件按照相关规则进行汇总计算。

菜单位置："BIM—三维算量 for Revit"→"汇总计算"，执行命令后，弹出"汇总计算"对话框，如图 1-3-3 所示。

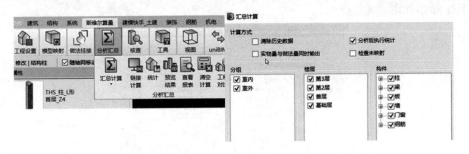

图 1-3-3 "汇总计算"对话框

(2)对话框选项和操作解释：

1)选项：

①"分组"：显示工程的所有分组。

②"楼层"：显示工程的所有楼层号。

③"构件"：显示工程的所有构件。

④"分析后执行统计"：分析后是否紧接着执行统计。

⑤"实物量与做法量同时输出"：勾选后实物量结果为计算挂接做法以外构件的工程量，做法工程量只计算挂接了做法的构件，不勾选状态实物量与做法量互不干涉，实物量为全部构件的工程量。

⑥"输出至造价"：将计算数据输出至造价。

⑦"清除历史数据"：勾选清除之前汇总的计算结果，所有构件重新计算。不勾选软件在之前计算结果的基础上，分析模型只调整工程中发生变化的构件结果。

2)按钮。

①"全选""全清""反选"：全选、全清或反选上面栏目内的内容。

②"图形检查"：检查所需图形。

③"选取图形"：从界面选取需要的构件图形进行分析。

④"扩展"：将页面展开。

3)操作说明：

①在"楼层"栏内选取楼层，在"构件"栏内选择相应的构件名称。

②"全选"表示一次全部选中栏目中的所有内容。

③"全清"则栏目中已选择的内容全部放弃选择。

④"反选"则将栏目内的内容和现在选中的内容相反。

上述操作如图 1-3-4 所示。

图 1-3-4　汇总任务

选好楼层和构件单击"确定"按钮就可以进行分析。分析统计完成后会看到计算结果界面。汇总计算如图 1-3-5 所示。

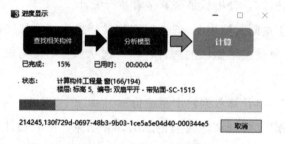

图 1-3-5　汇总计算

汇总计算完成单击"确定"按钮将直接展示汇总计算完成的实物量与清单量的工程量分析统计表，如图 1-3-6 所示。

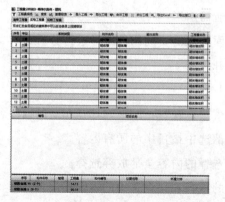

图 1-3-6　"工程量分析统计表"对话框

▶▶▶ 引导问题3

如何完成模型中的构件工程量统计？

【小提示】统计

（1）功能说明：用户在此处选择需要统计的范围，软件将迅速将范围内的统计结果以报表形式展现出来。如果构件实体或相关构件发生变化，软件对变化的构件进行重新计算统计。

菜单位置："BIM—三维算量 for Revit"→"统计"，执行命令后弹出"工程量分析统计"对话框，如图 1-3-7 所示。

图 1-3-7　工程量统计

汇总计算完成会弹出统计对话框，也就是预览对话框，在预览对话框中有"清单工程量""实物工程量"和"钢筋工程量"三个选项卡，默认显示的是"实物工程量"选项卡，如图 1-3-8 所示。

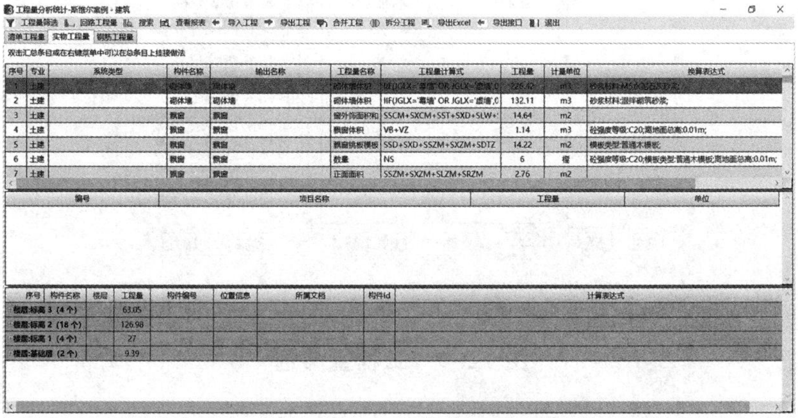

图 1-3-8　实物工程量分析统计表

对话框选项和操作解释：

1)"工程量筛选"：选择要筛选的楼层、构件名称及构件编号。

2)"查看报表"：进入报表界面。

3)"导入工程"：导入别的工程的数据到当前工程中。

4)"导出工程"：导出当前工程，可以保存当前数据。

5)"导出 Excel"：选取统计数据记录后导到 Excel 中。

在实物工程量页面中分为三个整体栏，第一栏是计算的结果，工程量名称是在算量选项中进行定义的，双击任意一条，可以对其进行清单定额的挂接，挂接上的清单定额会显示在第二行，第三行是第一行数据的明细列表，明细列表中可以查看单个构件的工程量，双击构件可以返回模型当中进行反查，在图元反查中可以使用属性查询功能来查看构件属性，也可以使用核对构件功能对构件工程量进行核对，计算和查看扣减规则与计算规则的修改等。

(2)操作说明：

1)单击"工程量筛选"按钮弹出"工程量筛选"对话框。在对话框内对分组编号、构件进行筛选选择。在选择模型时，BIM—三维算量 for Revit 提供了树形选择模式和列表选择模式两种模式。之后单击"确定"按钮，预览统计对话框就根据选择的范围显示结果，包括清单、定额、构件实物量模式均可实现筛选功能，如图 1-3-9 所示。

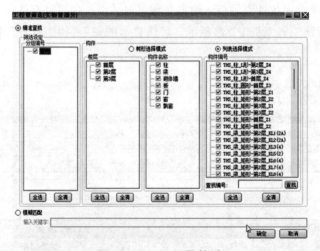

图 1-3-9　工程量筛选

2）单击"查看报表"按钮，弹出"报表打印"对话框，在栏目的左边选择相应的表，栏目右边显示报表内容，如图1-3-10所示。

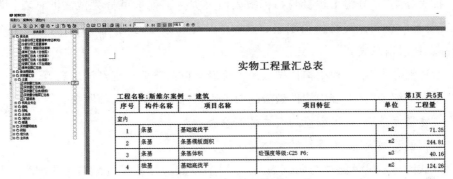

图1-3-10　查看报表

3）单击"导入工程"按钮，弹出"Windows文件选择"对话框。

4）单击"导出工程"按钮，后会弹出"Windows另存为"对话框。

5）单击"导出Excel"按钮，将工程数据导出到Excel表。"导出Excel中"有导出汇总表、导出明细表、导出汇总明细3种导出形式。3种形式可将工程中清单、实物量形成Excel表导出。

引导问题4

简述如何输出模型中的构件工程量分析统计报表。

【小提示】报表

（1）功能说明：构件计算值输出报表。菜单位置："BIM—三维算量 for Revit"→"报表"，执行命令后弹出"打印报表"对话框，如图1-3-11所示。

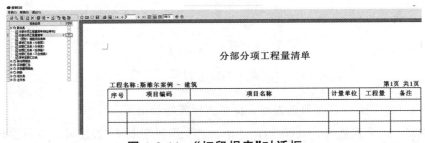

图1-3-11　"打印报表"对话框

（2）操作说明：

1）"报表分类"：分为工程量与指标报表两大类。工程量可分为做法汇总表、做法明细表、实物量汇总表、实物量明细表、参数法与零星量汇总与明细表；指标报表分为工程量指标、楼层信息表。

2）"做法汇总表"：工程中构件做法的汇总表，包括清单、定额汇总表等。

3）"做法明细表"：工程中构件做法的明细表，包括清单、定额明细表等。

4）"实物量汇总表"：工程量的实物量汇总表。

5）"实物量明细表"：工程量的实物量明细表。

6）"参数法与零星量汇总与明细表"：工程中参数法与零星量汇总与明细表，包括清单、定额参数表。

7）"工程量指标"：包括实物量（混凝土指标表）等。

8）"楼层信息表"：显示工程中楼层信息表。

9）"输出"：勾选输出列选项，所标注出的序号用于打印的顺序。

10）"报表目录"：显示"输出"报表项名称。

11）"打印"：通过外部设备将所需报表打印出来，可在打印页面填写所需的页码，方便用于打印所需的页码（图 1-3-12）。

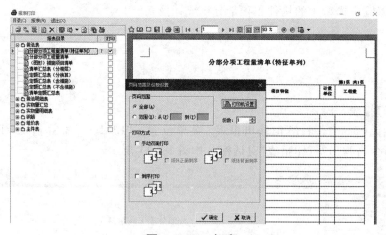

图 1-3-12　打印

（3）"另存为 Excel"：将所选报表，保存到所需的目录下。

（4）BIM—三维算量 for Revit 退出：单击"应用程序菜单"按钮，在下拉菜单中单击"退出"，关闭 BIM—三维算量 for Revit，此关闭与 Revit 关闭一样。提示：关闭应用时，先保存项目。

学习情境相关知识点

1. 结构图输出报表

单击菜单栏中"报表"，在弹出的下拉菜单中选择"分析"命令，弹出"工程分析"对话框，在对话框中选择输出的"楼层"和"构件"（也可全选），单击"确定"按钮。弹出"工程量分析统计"对话框，单击"实物工程量"按钮，即可查看核对明细实物工程量。单击"查看报表"按钮，可以选择相应的总表和明细表进行输出和打印。

2. 建筑图

(1)挂接做法。

1)在"三维算量"中选择"屏幕"菜单栏"构件"，在弹出的下拉菜单中选择"定义编号"命令，单击结构下"柱"前的"＋"号，在下拉列表中单击随意一个相应编号的柱子，然后单击"做法"按钮，右边弹出清单和定额库，选择柱子的相应清单和定额做法。

2)保存：单击"定义编号"对话框中的"做法保存"按钮，弹出"做法保存"对话框，编辑"做法名称"和"做法描述"，单击"确定"即可。

3)选择保存的做法，则单击"做法选择"按钮，弹出"做法保存"对话框，单击左边的"已有做法名称"栏中构件做法，再单击"确定"按钮即可。

4)单击"做法导出"，选择"楼层"和"编号"，可批量给其他楼层和柱子挂接同样的做法。单击"关闭"退回到"三维算量"。

(2)查看报表。

1)单击"三维算量"中的"报表"，在弹出的下拉菜单中选择"分析"，弹出"工程分析"对话框，在对话框中勾选全部计算方式，选择输出的"楼层"和"构件"（也可全选），单击"确定"按钮。弹出"工程量分析统计"对话框，单击"清单工程量"，即可查看核对明细清单工程量。单击"查看报表"，可以选择相应的总表和明细表进行输出和打印。单击"退出"返回到"三维算量"。

2)单击"三维算量"中的"工程"，在弹出的下拉菜单中选择"另存为"，弹出"另存工程为"对话框，选择保存到"桌面"，单击"保存"按钮，即可将该工程保存到桌面。

学习活动 4　评价反馈

学习领域编号－1－4	学习情境　评价反馈		页码：1
姓名：	班级：		日期：

能力目标

1. 能够正确掌握三维算量的操作步骤及方法。
2. 能够进行自检，发现操作过程中的问题并修改。

任务书

对三维算量的操作完成情况进行自我总结，检测操作过程中出现的问题并修正。

各组代表展示作品，介绍任务的完成过程。作品展示前准备（准备阐述材料，填写阐述项目表），并完成表 1-4-1、表 1-4-2、表 1-4-3 的填写。

表 1-4-1　学生自评表

任务	完成情况记录
任务是否按计划时间完成	
相关理论完成情况	
技能训练情况	
任务完成情况	
任务创新情况	
材料上交情况	
收获	

表 1-4-2　学生互评表

序号	评价项目	小组互评	教师评价	总评
1	任务是否按时完成			
2	材料完成上交情况			
3	成果质量			
4	语言表达能力			
5	小组成员合作面貌			
6	创新点			

表 1-4-3　教师评价表

序号	评价项目	自我评价	互相评价	教师评价	综合评价
1	学习准备				
2	引导问题填写				
3	规范操作				
4	完成质量				
5	关键操作要领掌握				
6	完成速度				
7	参与讨论主动性				
8	沟通协作				
9	展示汇报				

注：评价档次统一采用 A（优秀）、B（良好）、C（合格）、D（努力）四个。

学习任务 2 　　清单计价

斯维尔清单计价软件支持全国各地市、各专业定额。提供清单计价、定额计价、综合计价等多种计价方法。其适用于编制工程的概算、预算、结算，以及招投标报价。

安装"斯维尔清单计价 2016 广东版"，按照安装提示一步一步完成，安装时选择单机版、标准版。安装完成后双击图标即可打开软件。安装完成后，根据加密锁购买情况安装相应驱动。

软件的主要操作界面如图 2-1 所示。

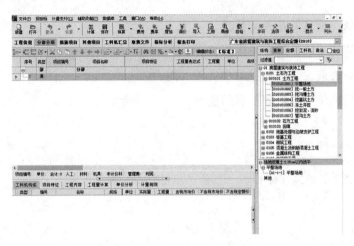

图 2-1　软件的主要操作界面

能力目标

1. 能够熟悉清单计价流程。
2. 能够掌握清单计价的操作步骤及方法。

学习情境描述

某住宅建筑面积约为 272 m²，框架结构，建筑基底面积为 125.4 m²。地下 0 层，地上 3 层，建筑高度为 10.5 m。一层层高均为 3.9 m，二层层高为 3.3 m，出屋顶楼层层高为 3 m，屋面形式为坡屋顶。门窗装饰等，学员自定。

在斯维尔清单计价平台完成办公楼的新建项目、新建单位工程、录入分部分项工程及组价、录入措施项目及其他项目、工料机汇总、取费汇总及造价计算、输出报表等操作。

教学流程与活动

1. 明确学习任务。
2. 新建项目、新建单位工程、录入分部分项工程及组价、录入措施项目及其他项目。
3. 完成工料机汇总、取费汇总及造价计算、输出报表。
4. 评价反馈。

学习活动1　明确学习任务

学习领域编号−2−1	学习情境　明确学习任务		页码：1
姓名：	班级：		日期：

能力目标

1. 能够明确本项目的任务和要求。
2. 能够了解清单计价的主要操作流程。
3. 具备组织协调、合作完成工作任务的能力。
4. 具备利用网络资源自我学习的能力。

任务书

了解清单计价主要操作流程。

任务分组

填写学生任务分配表(表 2-1-1)。

表 2-1-1　学生任务分配表

班级		组号		指导教师	
组长		学号			
组员	姓名	学号	姓名	学号	备注

任务分工：_____

_____

_____

_____

工作准备（获取信息）

1. 阅读工作任务书，总结描述任务名称及要求。
2. 收集汇总某住宅项目有关的工程量信息及模型信息。

》》工作实施

通过网络课程在线资源熟悉清单计价的主要操作流程。

》》引导问题

清单计价的主要操作流程包含哪些步骤？用自己的语言描述出来。

》》学习情境相关知识点

软件的主要操作流程如图 2-1-1 所示。

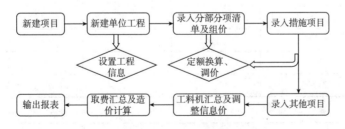

图 2-1-1　软件的主要操作流程

学习领域编号－2－2	学习情境	新建项目、录入分部分项工程及组价、录入措施项目及其他项目	页码：1
姓名：	班级：		日期：

》》能力目标

1. 能够新建项目、新建单位工程。

2. 能够正确录入分部分项工程并组价。

3. 具备组织协调、合作完成工作任务的能力。

4. 具备利用网络资源自我学习的能力。

》》任务书

基于某住宅项目新建项目、新建单位工程、录入分部分项工程及组价。

》》任务分组

填写学生任务分配表(表2-2-1)。

表2-2-1　学生任务分配表

班级		组 号		指导教师	
组长		学 号			
组员	姓名	学号	姓名	学号	备注

任务分工：_____

_____

_____

_____

_____

工作准备（获取信息）

收集并熟悉某住宅工程项目信息、算量信息等资料。

工作实施

新建项目、新建单位工程、录入分部分项工程及组价。

引导问题1

在清单计价平台如何新建项目？

引导问题2

在清单计价平台如何新建单位工程？

引导问题3

在清单计价平台如何编制分部分项工程量清单流程？

》》引导问题4

在清单计价平台如何导入三维算量文件？

》》引导问题5

在清单计价平台如何录入工程量清单？

》》引导问题6

在清单计价平台如何导入工程量清单？

》》引导问题7

在清单计价平台如何编制项目清单特征？

>>> 引导问题8

在清单计价平台如何编制工程内容？

>>> 引导问题9

在清单计价平台如何设置清单名称？

>>> 引导问题10

在清单计价平台如何调整清单顺序码？

>>> 引导问题11

在清单计价平台如何设置清单工程内容、清除清单组价内容？

>>> 引导问题12

在清单计价平台如何录入定额、录入工料机？

>>> 引导问题13

在清单计价平台如何进行费用组成、单价分析，并关联定额？

>>> 引导问题14

在清单计价平台如何进行快速调价、调整工程量？

学习领域编号－2－2	学习情境	新建项目、录入分部分项工程及组价、录入措施项目及其他项目	页码：6
姓名：	班级：		日期：

>>> **引导问题15**

在清单计价平台如何录入措施项目？

>>> **引导问题16**

在清单计价平台如何查询措施子目、重设措施项目？

>>> **引导问题17**

在清单计价平台如何录入其他项目数据？

>>> **引导问题18**

在清单计价平台如何重设其他项目？

【小提示】

1. 新建项目

功能说明：创建一个建设项目管理文件，管理组织多个单位工程。

菜单位置："斯维尔清单计价广东标准版"→"新建"执行命令后，弹出"选择"对话框，单击"新建项目"，弹出"新建建设项目文件"对话框，如图2-2-1所示，可填写项目基本信息，如名称、编号等，单击"确定"按钮即可新建一个项目。

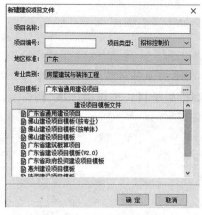

图 2-2-1　新建项目

2. 新建单位工程

功能说明：创建一个单位工程，本项目为一个单体工程，选择"新建单位工程"即可。

菜单位置："斯维尔清单计价广东标准版"→"新建"。执行命令后，弹出"选择"对话框，选择"新建单位工程"，弹出"新建预算书"对话框，如图2-2-2所示。

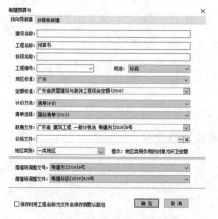

图 2-2-2　新建单位工程

可填写单位工程基本信息如名称、编号等，选择计价依据，单击"确定"按钮即可新建一个单位工程。

3.录入分部分项工程及组价

(1)在分部分项菜单下，选中一行并单击鼠标右键，可显示出全部快捷菜单，如图2-2-3所示。

1)插入一行：在上方插入一行同级别行。

2)添加一行：在末行添加一行同级别行。

3)添加子项：在下方添加一行低一级别行。

4)插入清单、插入独立费、插入分部同字面意思。

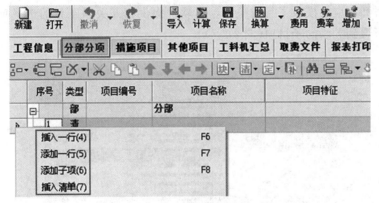

图2-2-3　录入分部分项工程

(2)在清单行，双击清单项，如图2-2-4所示，弹出"清单指引"对话框，在指引框内勾选相应的定额，可添加勾选的定额到清单，如图2-2-5所示。

图2-2-4　清单指引对话框

图2-2-5　添加定额

(3)添加勾选的定额后，弹出"定额换算"对话框，如图2-2-6所示。

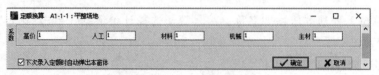

图 2-2-6　定额换算对话框

（4）清单定额添加好之后，输入清单工程量，编辑好本清单的项目特征，一条清单就做好了。

（5）关联定额：关联定额主要应用于定额工程量存在关联关系的定额。如建筑工程的混凝土浇筑定额，关联模板定额再输入混凝土子目时，会弹出对应的模板子目，只要输入混凝土的工程量，模板定额子目和相应的工程量，会自动进入措施项目中。一般构件的混凝土子目和相应的模板子目有关联，本软件提供相互关联子目的选择项，勾选后到措施项目里可看到关联的子目项（图 2-2-7）。

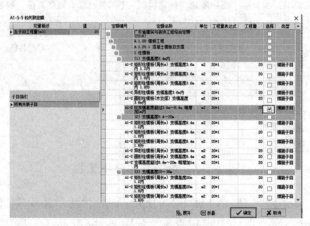

图 2-2-7　关联定额

（6）导入清单：若在做预算之前已做好 Revit 模型，三维算量里也挂接好了做法，在三维算量中导出清单表（Excel 表格形式），即可导入 Excel 文件（图 2-2-8）。

图 2-2-8　导入清单

（7）换算与调价：换算有按系数换算、人材机批量换算、工料机整体换算（图2-2-9）。调价有总价调整和单项调整（图2-2-10）。

图 2-2-9　换算与调价

图 2-2-10　总价调整与单项调整

4. 录入措施项目

录入措施项目的操作与录入分部分项类似。

5. 录入其他项目

其他项目的录入，主要调整计算表达式（计算基础）和费率（图2-2-11）。

图 2-2-11　录入其他项目

》》学习情境相关知识点

（1）新建工程：

1）双击快捷图标，首次登录会提示用户登录窗口，用户可以自己设置用户名和密码，如果不需要设置，则勾选"下次进入系统不弹出用户登录窗口"。

2)进入后会弹出"省站许可文件"对话框，单击"接受"按钮 ✓接受 进入软件。

3)弹出"新建向导"对话框，单击"新建单位工程" 新建单位工程，在"新建预算书"对话框，输入工程名称，选择定额和计价方法。选择完后单击"确定"按钮，在弹出的"另存为"对话框选择存储路径，单击"保存"。

（2）软件界面组成：界面由几个选项卡组成，"工程信息"选项卡用于选择费率和设置工程相关信息；"分部分项"选项卡用于录入实体定额项；"措施项目"选项卡用于解决技术措施项目和组织措施项目；"工料机汇总"选项卡用于分析人工、材料、机械，可在此界面调价；"取费文件"即工程总价合计；"报表打印"选项卡用于预览打印报表调整报表。

1)"工程信息"选项卡。

①基本信息：填写与工程相关的信息，如工程名称、建筑面积等。

②编制说明：可在此录入编制说明并打印。

③费率变量：选择和更改费率（软件可通过选择费率条件，自动刷新费率），如图 2-2-12 所示。

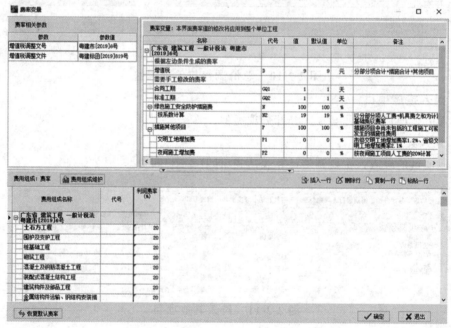

图 2-2-12　费率变量

2)"分部分项"选项卡。

①界面组成。

a. 在分部分项选项卡界面右侧是电子定额本（图 2-2-13），可用来查找定额；"过滤值"窗口，以输入名称进入查找，此窗口不用时可关闭；中间部分为套定额使用。

图 2-2-13　分部分项选项卡界面

b. 在分部分项选项卡界面(图 2-2-14)是定额含量窗口(不用时可拉下隐藏)。

图 2-2-14　定额含量窗口

工料机左侧窗口可调整工料机的名称、单价与含量，右侧窗口用于查询配合比和机械台班明细。

换算信息用于查询本定额的换算过程，也可选中撤销换算信息；工程量计算可用于手动计算工程量。

②定额录入方法。在分部分项选项卡界面右侧选定专业，如建筑定额，直接录入定额编号即可；或在分部分项选项卡界面右侧查找并双击"定额"；也可在"过滤值"框输入定额名称查找，找到后双击，即录入定额。

③定额换算。

a. 系数换算在"子目系数"栏弹出的换算窗中，子目系数这一行可根据实际工程情况，给工料机定义系数。

b. 勾选条件换算，如图 2-2-15 所示。

图 2-2-15　条件换算

定额换算：如果是已经套好的定额需要进行换算，选中定额号单击即可弹出换算对话框(图 2-2-16)。

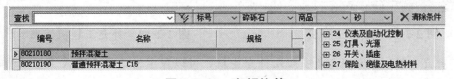

图 2-2-16　定额换算

双击选择需要换算的项，进行换算。

④借套定额。如土建专业借用装饰定额，首先切换定额电子本到装饰专业，输入定额号即可，如修改取费文件编号，取费将归入到土建专业取费中。如不修改，则各取各的费用。

⑤补充定额。如果需要补充一项定额，则在套定额界面，分别补上定额号、名称、单位、工程量、单价；如果需要参与取综合费，则分别补上人工与机械单价。

如果想保存此项补充定额，以便以后调用，可以单击鼠标右键，在快捷菜单中单击"其他功能（Z）""存入补充库（Z）"，返回用户定额表，在弹出的对话框中，新建章节，可把补充定额归到自定义章节，下次再调用时，可在右侧定额电子本，单击"补充"选项卡，即可看到所补充的定额，如图 2-2-17 所示。

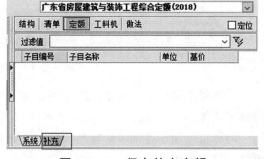

图 2-2-17　保存补充定额

⑥在定额下补充工料机。在"工料机构成"界面单击鼠标右键，在快捷菜单中选择"添加"，如图 2-2-18 所示。添加空行后，补充工料机编号，按 Enter 键，在弹出的"新增工料机"对话框中，分别补充工料机名称、单位、消耗量、单价，并选择工料类型，单击"确定"按钮，如图 2-2-19 所示。

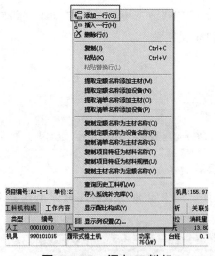

图 2-2-18　添加工料机

图 2-2-19　补充工料机信息

⑦补充主材，在安装专业中涉及补充主材，可以在主材单价中输入主材单价，在定额的子行会出现与定额名称一致的主材行，对主材名称和含量进行相应修改即可。

⑧右键快捷菜单中的其他功能。

a. 定额相关操作，如图 2-2-20 所示。

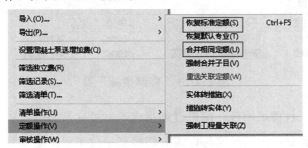

图 2-2-20　定额操作

恢复标准定额，可以把套定额界面的定额恢复到定额库原始状态，换算整体取消。合并相同定额，可以合并相同的定额子目。

b. 其他功能，如图 2-2-21 所示。

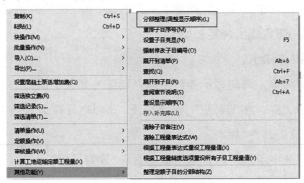

图 2-2-21　其他功能

调整显示顺序，可以将定额以分部的形式整理成顺序，如图 2-2-22 所示。

（3）措施项目选项卡。

1）录入措施项目。在措施项目界面的清单行选中任意一行，右键，选择"添加一行"，输入措施项目名称、费率等信息，即可添加一项措施项目。

2）查询措施子目。点击"措施项目"，在右方的查询窗口内，单击"措"字按钮，可以快速地过滤和查找措施项目清单（图 2-2-23）。

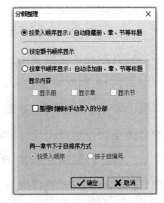

图 2-2-22　调整显示顺序

图 2-2-23　查询措施子目

3)导出为措施项目费用模板。编辑过的措施项目可导出为措施项目费用模板。若将措施项目费用模板数据导入其他文件，需先切换至单位工程措施项目截面，鼠标右键单击"其他功能类"，选择"导出费用模板"，选择保存位置，输入模板名称，保存即可。

4)导入措施项目费用模板。在措施项目界面单击鼠标右键，单击"其他功能类"，选择"导入费用模板"，在弹出窗口中选择模板，单击"打开"，再单击"确定"即可。

5)重设措施项目。在措施项目界面单击鼠标右键，单击"其他功能类"，选择"重设措施项目"，单击"是"，即完成了恢复初始化。

(4)"工料机汇总"选项卡。

1)可直接调整市场价，调高显示蓝色字体，调低为红色字体。

2)也可调用价格文件，在工料机下拉菜单下，单击"另存为价格文件"，保存，再调用时，可单击"导入价格文件"导入。

3)设定甲供材。选中甲供材料，单击鼠标右键"设为甲供"。

4)可选定主要材料，并可以在"主要材料"对话框调出市场价，出主要材料调价表。

5)可以手动定义三材"三材类型"，生成三材汇总表。

(5)取费计算选项卡。

1)自动计算关联费用。也可单击"计算"按钮手动计算。如果需要手动增加一页费用，可以单击"添加"(在最后一行)或"插入"(在当前行的下面)增加一条空行，分别填写费用名称、费用代号、费用计算表达式和费率，其他相关费用在费用计算表达式处做出相应加减此条费用的费用代号即可。

2)若已经编辑了取费界面，以后再调用，可在取费文件页面左下角的"常用便捷操作"选项中，单击"重建取费文件""存为取费模板""导入取费模板""费率变量维护""费率组成维护"按钮，根据需要进行选用。

（6）报表打印选项卡。

1）单张报表打印和导出，可单击![按钮]![按钮]打印导出按钮。

2）报表批量打印和导出，可先选中要打印的报表（在报表后面打对勾），单击连续打印和导出即可。

3）如果对报表有特殊要求，可用报表设计来修改报表，选中报表单击![按钮]按钮，![页面设置]设置报表页边距，修改纵表或横表；![页眉页脚]可以修改报表的标题名称；![表头设置]可以针对报表的表头和各列数据及小数点保留位数进行设置。

学习活动 3 工料机汇总、取费汇总及报表

学习领域编号－2－3	学习情境　工料机汇总、取费汇总及报表		页码：1
姓名：	班级：		日期：

能力目标

1. 能明确本项目的任务和要求。
2. 能正确掌握工料机汇总及调整信息价。
3. 能掌握取费汇总。
4. 能正确输出报表。
5. 具备组织协调、合作完成工作任务的能力。
6. 具备利用网络资源自我学习的能力。

任务书

基于某住宅项目，在清单计价平台进行该项目的工料机汇总、取费汇总及造价计算并输出报表。

任务分组

填写学生任务分配表(表 2-3-1)。

表 2-3-1　学生任务分配表

班级		组号		指导教师	
组长		学号			
组员	姓名	学号	姓名	学号	备注

任务分工：_____

_____

_____

_____

工作准备（获取信息）

1. 阅读工作任务书，了解任务名称及要求。
2. 收集汇总工料机的资料及有关造价信息。

>>> **工作实施**

在清单计价平台进行该项目的工料机汇总、取费汇总及造价计算并输出报表。

>>> **引导问题1**

如何录入工料机定额？

>>> **引导问题2**

如何进行工料机汇总，查看工料机汇总明细表？

>>> **引导问题3**

简述如何进行取费汇总。

>>> **引导问题4**

简述如何进行打印预览报表。

》》引导问题5

简述如何进行取费文件管理。

》》引导问题6

简述如何查看指标分析报表。

》》引导问题7

简述如何编制审计审核数据。

》》引导问题8

简述如何查看审计审核报表。

【小提示】

1. 工料机汇总及调整信息价

"工料机汇总"选项卡(图 2-3-1)，可载入想要的某一时期的信息价，也可独立调整某些材料的市场价，在分部分项的工料机里也可以单独调整某一种材料的价格。

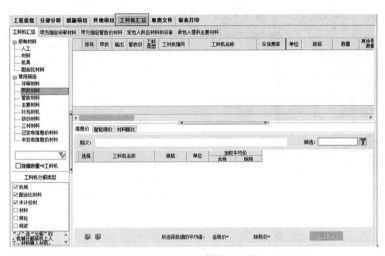

图 2-3-1　工料机汇总

2. 取费汇总及造价计算

"取费文件"选项卡（图 2-3-2），可调整各种费用的计算基础（费用计算表达式）和费率。也可新增或删除费用。

图 2-3-2　取费文件

3. 输出报表

报表分类：招标工程量清单；招标控制价；投标报价；竣工结算；工程造价鉴定意见书；用户补充报表。

4. 报表导出和打印

单击"报表打印"可打印或导出勾选的报表（图 2-3-3）。

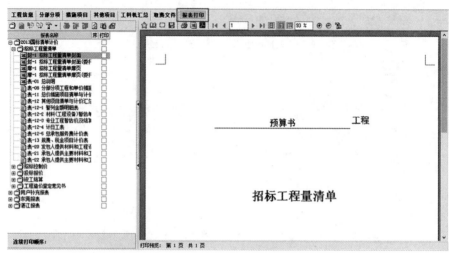

图 2-3-3　报表打印

学习情境相关知识点

1. 项目管理的应用

(1)新建。双击进入软件后，弹出"新建向导"对话框，单击"新建建设项目"，输入建设项目名称，单击"确定"按钮，弹出"保存提示"对话框，单击"保存"按钮。

(2)导入单位工程。进入后，软件默认有一个单项工程，如图 2-3-4 所示，可修改项目名称。

项目组成	编制说明	项目工料机	报表打印	电子标书			

	序号	类别	项目编号	汇总	项目名称	工程总造价	占总造价(%)
	1	建设项目	1	☑	1		
▶	1.1	单项工程		☑	新建单项工程		

图 2-3-4　修改项目名称

如果有多个单项工程，可选中单项工程行，单击"新增"按钮，可增加单项工程行。在单项工程行，单击鼠标右键，在快捷菜单中单击"导入单位工程"，找到单位工程(可批量框选)，单击"打开"按钮。所有单位工程导入后，单击"计算"汇总数据到主节点。

(3)项目工料机界面。所有单位工程的工料机可汇总，单击"汇总工料机"按钮，汇总后，可批量调整市场价，单击"更新到单位工程"可将价格更新到单位工程中。

(4)报表打印。可根据需求打印报表。单击"连续打印"按钮，如选择各单位工程相关报表一起输入。

学习活动 4 评价反馈

学习领域编号－2－4	学习情境　评价反馈	页码：1
姓名：	班级：	日期：

能力目标

1. 能够正确掌握清单计价的操作步骤及方法。
2. 能够进行自检，发现操作过程中的问题并修改。

任务书

对清单计价的操作完成情况进行自我总结，检测操作过程中出现的问题并修正。

各组代表展示作品，介绍任务的完成过程。作品展示前准备（准备阐述材料，填写阐述项目表），并完成表 2-4-1、表 2-4-2、表 2-4-3 的填写。

表 2-4-1　学生自评表

任务	完成情况记录
任务是否按计划时间完成	
相关理论完成情况	
技能训练情况	
任务完成情况	
任务创新情况	
材料上交情况	
收获	

表 2-4-2　学生互评表

序号	评价项目	小组互评	教师评价	总评
1	任务是否按时完成			
2	材料完成上交情况			
3	成果质量			
4	语言表达能力			
5	小组成员合作面貌			
6	创新点			

表 2-4-3　教师评价表

序号	评价项目	自我评价	互相评价	教师评价	综合评价
1	学习准备				
2	引导问题填写				
3	规范操作				
4	完成质量				
5	关键操作要领掌握				
6	完成速度				
7	参与讨论主动性				
8	沟通协作				
9	展示汇报				

注：评价档次统一采用 A（优秀）、B（良好）、C（合格）、D（努力）四个。

学习任务 3   **Project**

项目管理软件 Project 2019 工具一般用来管理一个项目，制订项目的执行计划。

项目的三要素是时间、成本和范围。如何使用 Project，必须明确如下几项：A. 做什么事？B. 这些事的时间有什么要求？C. 要做的事之间有什么关系？D. 做这些事的人员有谁？E. 人员有什么特别的时间要求？

能力目标

1. 能够熟悉 Project 编制施工进度计划的流程。
2. 能够掌握 Project 编制施工进度计划步骤及方法。

学习情境描述

某住宅建筑面积约为 272 m²，框架结构，建筑基底面积为 125.4 m²。地下 0 层，地上 3 层，建筑高度为 10.5 m。一层层高均为 3.9 m，二层层高为 3.3 m，出屋顶楼层层高为 3 m，屋面形式为坡屋顶。门窗装饰等，学员自定。

在斯维尔清单计价平台完成新建项目文件、设置项目信息、建立资源的基本信息、建立任务、使用升级和降级的按钮设定任务级别、设置任务信息、进行合理资源分配并调整资源信息、跟踪施工完成进度并与计划进度进行对比。

教学流程与活动

1. 明确学习任务。
2. 新建项目文件、设置项目信息、建立资源的基本信息。
3. 建立任务、使用升级和降级的按钮设定任务级别、设置任务信息、进行合理资源分配并调整资源信息、跟踪施工完成进度并与计划进度进行对比。
4. 评价反馈。

学习活动 1 明确学习任务

学习领域编号－3－1	学习情境 明确学习任务		页码：1
姓名：	班级：		日期：

》》 能力目标

1. 能够明确本项目的任务和要求。
2. 能够了解 Project 编制施工进度计划的流程。
3. 具备组织协调、合作完成工作任务的能力。
4. 具备利用网络资源自我学习的能力。

》》 任务书

通过网络在线课程资源，了解 Project 编制施工进度计划的流程。

》》 任务分组

填写学生任务分析表（表 3-1-1）。

表 3-1-1 学生任务分配表

班级		组号		指导教师	
组长		学号			
组员	姓名	学号	姓名	学号	备注

任务分工：_____

_____

_____

_____

》》》工作准备（获取信息）

1. 阅读工作任务书，总结描述任务名称及要求。

2. 收集汇总项目的任务清单、可使用资源情况等信息。

》》》工作实施

分析并了解 Project 编制施工进度计划的流程。

》》》引导问题1

Project 编制施工进度计划需要哪些信息资源？列举某别墅的资源信息。

【小提示】**项目名称：某大楼**

项目的开始日期：2021 年 6 月 1 日。

项目的结束日期：2021 年 11 月 21 日。

日程排定方法：从项目的开始之日起。

项目日历：标准日历。

工作时间：每周工作 7 天，每天 8 小时。

项目目标：确保工期按时完成。

可衡量结果：达到入住要求。

1. 任务清单列表

任务清单列表见表 3-1-2。

表 3-1-2　任务清单列表

大纲级别	任务名称	工期（工作日）
1	地基与基础工程	44
1.1	平整场地	3
1.2	基础基槽开挖	5
1.3	基础模板安装	6
1.4	基础钢筋捆扎	7
1.5	基础混凝土	1
1.6	基础模板拆除	3
1.7	回填土	5
2	主体施工	63
2.1	1F 脚手架安装	1
2.2	1F 柱钢筋	2
2.3	1F 柱模板	2
2.4	1F 梁板模板	4
2.5	1F 柱混凝土	1
2.6	1F 梁板钢筋	2
2.7	1F 梁板混凝土（含梯）	1
2.8	1F 柱梁板模板拆除	4
2.9	1F 砌砖墙	3
2.10	2F 脚手架安装	1
2.11	2F 柱钢筋	2
2.12	2F 柱模板	2
2.13	2F 梁板模板	4
2.14	2F 柱混凝土	1
2.15	2F 梁板钢筋	2
2.16	2F 梁板混凝土（含梯）	1

续表

大纲级别	任务名称	工期（工作日）
2.17	2F 柱梁板模板拆除	4
2.18	2F 砌砖墙	3
2.19	3F 脚手架安装	1
2.20	3F 柱钢筋	2
2.21	3F 柱模板	2
2.22	3F 梁板模板	4
2.23	3F 柱混凝土	1
2.24	3F 梁板钢筋	2
2.25	3F 梁板混凝土（含梯）	1
2.26	3F 柱梁板模板拆除	4
2.27	3F 砌砖墙	3
3	屋面工程	31
3.1	屋面找平层	4
3.2	轻集料混凝土 30 mm	3
3.3	非固化沥青防水涂料	3
3.4	防水卷材	3
3.5	聚合物砂浆	2
4	装修工程	60
4.1	内墙顶棚抹灰	15
4.2	安装门窗框	5
4.3	外墙装饰	25
4.4	内墙装饰	25
4.5	楼地面	15
4.6	安装门窗扇	5
4.7	脚手架拆除	15
5	其他	3
5.1	收尾工作	3

2. 资源可使用情况

资源可使用情况见表 3-1-3。

表 3-1-3　资源可使用情况

资源名称	最大单位	标准工资率	每次使用成本	成本累算方式
木工	4	￥4.00/工时		按比例
钢筋工	4	￥5.00/工时		按比例
混凝土工	6	￥10.00/工时		按比例
模板工	12	￥5.00/工时		按比例
起重工	2	￥150.00/工时		按比例
力工	42	￥120.00/工时		按比例
电工				
挖掘机械操作工	3		￥20.00	
压路机械操作工	1		￥500.00	
架子工				
脚手架升降工				
电焊工				

3. 任务之间的相关性

地基与基础工程→主体施工→屋面工程→装修工程→其他→结束。

》》**学习情境相关知识点**

横道图也叫作条状图，在 Project 中叫作甘特图，"甘特图"视图由左边的表和右边的条形图两部分组成。条形图包括一个横跨顶部的时间刻度，它表明时间单位。图中的条形是表中任务的图形化表示，表示的内容有开始时间和完成时间、工期及状态(例如，任务中的工作是否已经开始进行)。图中的其他元素如链接线，代表任务间的关系。施工进度计划横道图如图 3-1-1 所示。

图 3-1-1　施工进度计划横道图

学习活动2　新建项目文件、设置项目信息、建立资源的基本信息

学习领域编号－3－2	学习情境	新建项目文件、设置项目信息、建立资源的基本信息	页码：1
姓名：	班级：		日期：

能力目标

1. 能够明确本项目的任务和要求。
2. 能够掌握新建项目文件、设置项目信息、建立资源的基本信息的步骤及方法。
3. 具备组织协调、合作完成工作任务的能力。
4. 具备利用网络资源自我学习的能力。

任务书

基于某住宅项目案例，新建项目文件、设置项目信息、建立资源的基本信息。

任务分组

填写学生任务分配表（表 3-2-1）。

表 3-2-1　学生任务分配表

班级		组号		指导教师	
组长		学号			
组员	姓名	学号	姓名	学号	备注

任务分工：＿＿＿＿＿＿＿＿＿＿＿＿＿＿＿＿＿＿＿＿＿＿＿＿＿＿＿＿＿

＿＿＿＿＿＿＿＿＿＿＿＿＿＿＿＿＿＿＿＿＿＿＿＿＿＿＿＿＿＿＿＿＿＿＿＿＿

＿＿＿＿＿＿＿＿＿＿＿＿＿＿＿＿＿＿＿＿＿＿＿＿＿＿＿＿＿＿＿＿＿＿＿＿＿

＿＿＿＿＿＿＿＿＿＿＿＿＿＿＿＿＿＿＿＿＿＿＿＿＿＿＿＿＿＿＿＿＿＿＿＿＿

＿＿＿＿＿＿＿＿＿＿＿＿＿＿＿＿＿＿＿＿＿＿＿＿＿＿＿＿＿＿＿＿＿＿＿＿＿

工作准备（获取信息）

1. 阅读工作任务书，总结描述任务名称及要求。
2. 通过网络在线开放课程资源初步了解新建项目文件、设置项目信息、建立资源的基本信息的步骤。

>>> **工作实施**

新建项目文件、设置项目信息等基本信息。

>>> **引导问题1**

如何利用 Project 新建某住宅的项目文件？请具体说明。

>>> **引导问题2**

如何利用 Project 设置某住宅的项目信息？请具体说明。

>>> **引导问题3**

如何利用 Project 设置某住宅的计划开始日期？

>>> **引导问题4**

如何利用 Project 设置工期工作时间？

【小提示】具体操作步骤

1. 新建项目文件

执行"文件"→"新建"命令，打开 Project 的"新建项目"向导。根据向导完成创建项目的操作(图 3-2-1)。

图 3-2-1 新建项目

2. 设置项目信息

(1) 自定义日历(图 3-2-2)。执行菜单栏"项目"→"更改工作时间"命令。可将周六、周日设置为工作时间。在"例外日期"状态下，输入"周末"，在"开始时间"中按工程总工期调好，单击右侧的"详细信息"按钮，将非工作日调整成工作日。例如，选择下方的"重复发生方式"为"每周"，将"周日""周六"选上，单击"确定"按钮。项目工作日由 5 天变为 7 天。

图 3-2-2　自定义日历

(2) 设定日历-设置例外日期，如图 3-2-3 所示。

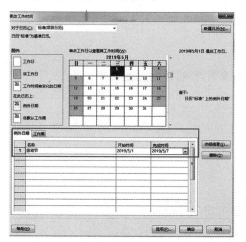

图 3-2-3　设置例外日期

(3) 设置日程选项。单击"项目"菜单中的"项目信息"。显示项目信息对话框。例如，在"开始日期"框中，输入或选择"2023 年 7 月 8 日"，如图 3-2-4 所示。

图 3-2-4　项目信息设置

单击"确定"按钮，关闭项目信息对话框。在"文件"菜单中，单击"保存"按钮。

学习情境相关知识点

1. 创建新项目计划

单击"文件"菜单中的"新建"。在"新建项目"对话框中，单击"空白项目"。Project 新建一个空白项目计划，然后，设置项目的日历。

2. 新建工作周日历

根据自身需求"新建项目日历"，以及通过调整工作周和工作日等方法调整系统自带的日历，以满足项目计划的特殊需求(图 3-2-5)。

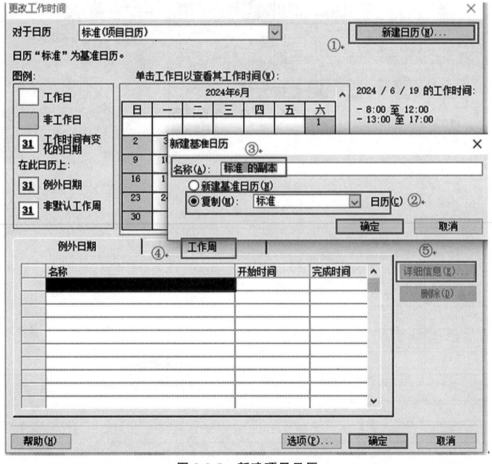

图 3-2-5　新建项目日历

3. 新建工作日选项

在工程项目中，所有资源在法定节假日进行休假。为不影响项目的施工进度，需要新建项目资源的工作日日历，调整资源的工作时间。按如图 3-2-6 所示的步骤进行操作。

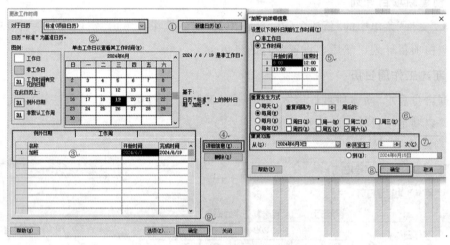

图 3-2-6　新建工作日日历

4. 设置日程选项

　　系统默认"当前时间"为项目的"开始日期"。为确保项目目标的实现，设置项目日程的排列方法。即"项目日程"是按照项目的"开始时间"来排定，还是按照项目的"结束时间"来排定。按如图 3-2-7 所示的步骤进行操作。

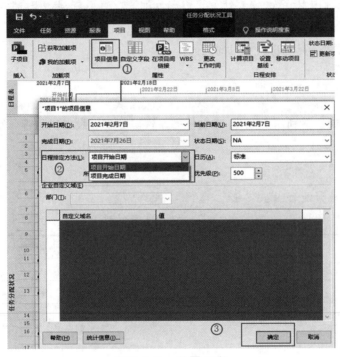

图 3-2-7　设置日程

学习活动 3　建立任务、资源分配、设置里程碑、跟踪比较进度

学习领域编号－3－3	学习情境	建立任务、资源分配、设置里程碑、跟踪比较进度	页码：1
姓名：	班级：		日期：

》》能力目标

1. 能够明确本项目的任务和要求。
2. 能够掌握利用 Project 建立任务、资源分配、设置里程碑、跟踪比较进度方法。
3. 具备组织协调、合作完成工作任务的能力。
4. 具备利用网络资源自我学习的能力。

》》任务书

基于某住宅项目，利用 Project 建立任务、资源分配、设置里程碑、跟踪比较进度。

》》任务分组

填写学生任务分配表（表 3-3-1）。

表 3-3-1　学生任务分配表

班级		组号		指导教师	
组长		学号			
组员	姓名	学号	姓名	学号	备注

任务分工：_____

_____

_____

_____

》》工作准备（获取信息）

1. 阅读工作任务书，总结描述任务名称及要求。
2. 通过网络在线开放课程资源，了解建立任务、资源分配、设置里程碑、跟踪比较进度的方法。

学习领域编号—3—3	学习情境	建立任务、资源分配、设置里程碑、跟踪比较进度	页码：2
姓名：	班级：		日期：

工作实施

利用 Project 定义某住宅的资源、建立任务、资源分配、跟踪比较进度。

引导问题1

如何利用 Project 定义某住宅的资源？请具体说明。

引导问题2

如何利用 Project 建立某住宅施工过程的任务、设置里程碑？用自己的语言描述出来。

引导问题3

如何利用 Project 进行某住宅施工阶段的资源分配？请列出。

引导问题4

如何利用 Project 跟踪某住宅的施工实际进度，并将实际进度与计划进度比较？请具体说明。

学习领域编号－3－3	学习情境	建立任务、资源分配、设置里程碑、跟踪比较进度	页码：3
姓名：	班级：		日期：

>>> 引导问题5

如何利用 Project 创建任务间的链接来建立任务间的关系？请具体说明。

>>> 引导问题6

如何设置摘要？

>>> 引导问题7

如何自定义甘特图并对网格进行修改？

>>> 引导问题8

如何去掉甘特图中链接线，并对时间刻度进行修改？

>>> 引导问题9

如何查看报表？

【小提示】

1. 建立任务

进入任务栏的甘特图表，输入任务名称等信息，建立任务。使用升级和降级的按钮设定任务级别，形成层次关系，从而展示任务分解结构，完整的项目如图 3-3-1～图 3-3-3 所示。

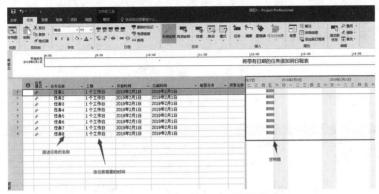

图 3-3-1　分解并加入项目任务

图 3-3-2　定义任务间的层次

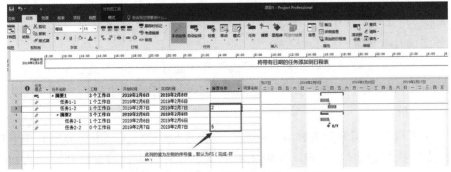

图 3-3-3　确定任务间的依赖关系

2. 为任务分配资源与工期-配置资源

选择导航栏菜单，单击"视图"，再单击"资源工作表"，可对资源进行配置，如图 3-3-4 所示。

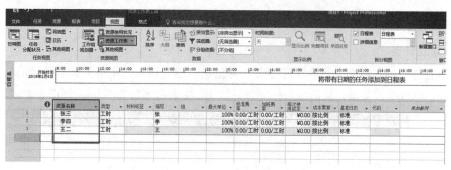

图 3-3-4　配置资源

也可在视图下选择"任务"，进行对应任务的工期和资源配置，如图 3-3-5 所示。

图 3-3-5　任务分配资源与工期

3. 任务相关性

任务的相关性有完成-开始类型 FS；开始-完成类型 SF；开始-开始类型 SS；完成-完成类型 FF。

完成-开始(FS)：前置任务完成后，后续任务才能开始，如果没有延时或提前，FF 可以省略，FS 也是默认的连接方式。直接输入前置任务的序号，默认 FS 连接。如：A 任务完成后，B 任务才能开始。注意：B 任务不能早于 A 任务完成时间开始，但可以晚于 A 任务完成时间开始。

开始-开始(SS)：前置任务开始后，后续任务才能开始，SS 不能省略。如：B 任务开始后，C 任务才能开始。注意：C 任务不能早于 B 任务开始时间开始，但可以晚于 B 任务开始时间开始。

完成-完成(FF)：前置任务完成后，后续任务才能完成，FF 不能省略。如：C 任务完成后，D 任务才能完成。注意：D 任务不能早于 C 任务完成时间完成，但可以晚于 C 任务完成时间完成。

开始-完成(SF)：前置任务开始后，后续任务才能完成，SF 不能省略。如：D 任务开始后，E 任务才能完成。注意：E 不能早于 D 开始时间完成，但可以晚于 D 开始时间完成。

四种任务相关性如图 3-3-6 所示。

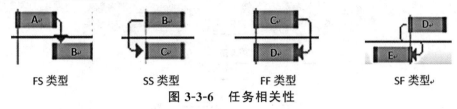

FS 类型　　　　SS 类型　　　　FF 类型　　　　SF 类型

图 3-3-6　任务相关性

4. 设置关建任务

单击导航栏中的"格式"，勾选"关键任务"，查看右侧甘特图（图 3-3-7），即可显示如图 3-3-8 所示的关键任务。

图 3-3-7　设置关键任务

图 3-3-8　关键任务

5. 手动设置里程碑

双击设置任务列表，选择"高级"选项卡，勾选"标记为里程碑"，如图 3-3-9 和图 3-3-10 所示。

图 3-3-9　设置里程碑界面

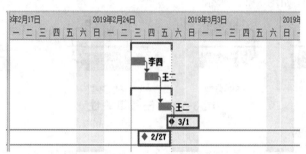

图 3-3-10　里程碑

6. 日程排定冲突解决

当出现日程排定冲突时，列表中有冲突的日程将显示红色下画线（图 3-3-11）。

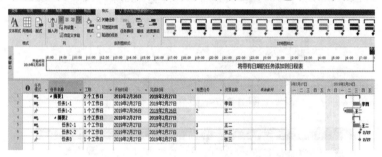

图 3-3-11　日程排定冲突页面

用鼠标右键单击日程有冲突的行，单击自动安排，即可自动安排日程，解决日程排定冲突（图 3-3-12）。

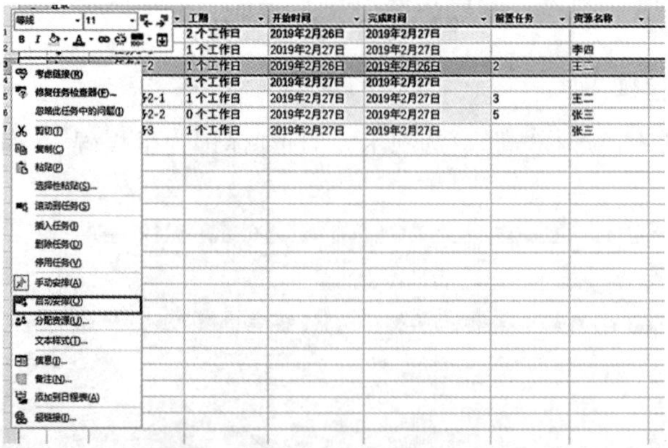

图 3-3-12　自动安排日程

7. 跟踪完成进度

将实际开始和完成时间调整好，单击"甘特图"按钮，勾选"跟踪甘特图"，可以查看进度的差异，如图 3-3-13、图 3-3-14 所示。

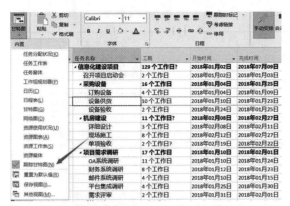

图 3-3-13　设置跟踪甘特图

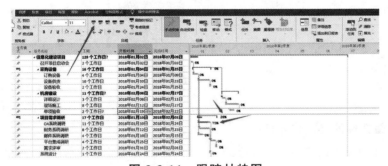

图 3-3-14　跟踪甘特图

▶▶▶ 学习情境相关知识点

1. 输入调整任务

任务是所有项目最基本的构件，它代表完成项目最终目标所需要做的工作。第一步输入任务，第二步调整任务。

项目每个阶段对于它的子任务来说，属于摘要任务，在这需将它的子任务降级即可，找到"工具栏"中的"降级"，单击即可。

2. 链接任务

Project 要求任务以特定顺序执行。例如，任务 1 必须在任务 2 执行之前完成。在 Project 中，第 1 个任务称为前置任务，因为它在依赖于它的任务之前。第 2 个任务称为后续任务，因为它在所依赖的任务之后。同样，任何任务都可以成为一个或多个前置任务的后续任务。

任务间的关系可以总结为表 3-3-2 所示的 4 种关系之一。

表 3-3-2　任务间 4 种关系类型

任务间的关系	含义	甘特图	备注
完成-开始(FS)	前置任务的完成日期决定后续任务的开始日期	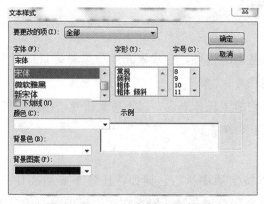	A 必须在 B 之前
开始-开始(SS)	前置任务的开始日期决定后续任务的开始日期		C 的开始必须在 B 之后
完成-完成(FF)	前置任务的完成日期决定后续任务的完成日期		C 任务完成后，D 任务才能完成
开始-完成(SF)	前置任务的开始日期决定后续任务的完成日期		D 任务开始后，E 任务才能完成

这样，可以通过上述的 4 种关系来创建任务间的链接来建立任务间的关系。

3. 甘特图文件的格式化与打印

(1)格式化视图中的文本。可以格式化表中的文本，使用"文本样式"对话框(单击"格式"菜单中的"文本样式"按钮打开此对话框)格式化一类文本。对某类文本所做的修改会应用于所有同类文本。"文本样式"对话框如图 3-3-15 所示。

图 3-3-15　"文本样式"对话框

(2)自定义甘特图。单击"格式"菜单中的"条形图"按钮打开此对话框，对甘特图的形状、图案及颜色进行修改(图 3-3-16)。

图 3-3-16　自定义甘特图

在条形图样式修改中，可以将多余的条形图样式删除，避免在打印时页脚中出现多余的图例。

(3)网格的修改。单击"格式"菜单中的"网格"按钮打开此对话框，对甘特图的线条进行修改(图 3-3-17)。

图 3-3-17　网格修改

(4)去掉甘特图中链接线。单击"格式"菜单中的"版式"按钮打开此对话框，可以选择有无链接线及链接线的样式(图 3-3-18)。

图 3-3-18　甘特图中链接修改

(5)时间刻度的修改。单击"格式"菜单中的"时间"按钮打开此对话框，或双击时间刻度，可以修改时间刻度的格式(图 3-3-19)。

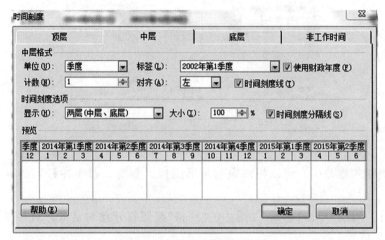

图 3-3-19　时间刻度修改

(6)打印。单击"文件"菜单中的"页面设置"按钮打开此对话框，对页面、页眉、页脚等进行设置，设置完成后打印。进度计划横道图编制完成。

学习活动4 评价反馈

学习领域编号－3－4	学习情境 评价反馈	页码：1
姓名：	班级：	日期：

》》能力目标

1. 能够正确掌握 Project 编制施工进度计划的方法和步骤。
2. 能够正确地自检编制过程中的不足，并改正。

》》任务书

自我总结并修正完善利用 Project 编制的某住宅项目的施工进度成果。

各组代表展示作品，介绍任务的完成过程。作品展示前准备（准备阐述材料，填写阐述项目表），并完成表 3-4-1、表 3-4-2、表 3-4-3 的填写。

表 3-4-1 学生自评表

任务	完成情况记录
任务是否按计划时间完成	
相关理论完成情况	
技能训练情况	
任务完成情况	
任务创新情况	
材料上交情况	
收获	

表 3-4-2 学生互评表

序号	评价项目	小组互评	教师评价	总评
1	任务是否按时完成			
2	材料完成上交情况			
3	成果质量			
4	语言表达能力			
5	小组成员合作面貌			
6	创新点			

表 3-4-3 教师评价表

序号	评价项目	自我评价	互相评价	教师评价	综合评价
1	学习准备				
2	引导问题填写				
3	规范操作				
4	完成质量				
5	关键操作要领掌握				
6	完成速度				
7	参与讨论主动性				
8	沟通协作				
9	展示汇报				

注：评价档次统一采用 A（优秀）、B（良好）、C（合格）、D（努力）四个。

第2篇　BIM5D 综合应用

学习任务 4　　BIM5D 基础准备

BIM5D 是基于 BIM 应用及轻量化技术，实现工程项目全过程的多方协同管理平台。通过发挥 BIM、信息化、云技术的优势，实现项目的可视化、过程化、精细化、规范化、档案化管理。

能力目标

1. 能够了解 BIM5D 系统内容，熟悉基于 BIM5D 模型中心、数据中心、应用中心的构成。

2. 能够了解基于 BIM5D 两端一云的构成及意义，熟悉基于 BIM5D 两端一云的应用关系。

3. 能够了解基于 BIM 平台的模型集成来源，掌握基于不同软件对接 BIM5D 的方法。

4. 能够了解 BIM5D 平台项目列表模式。

学习情境描述

某住宅建筑面积约为 272 m²，框架结构，建筑基底面积为 125.4 m²。地下 0 层，地上 3 层，建筑高度为 10.5 m。一层层均为 3.9 m，二层层高为 3.3 m，出屋顶楼层层高为 3 m，屋面形式为坡屋顶。门窗装饰等，学员自定。

教学流程与活动

1. 明确学习任务。
2. BIM5D 系统的介绍认识、平台主页的认识。
3. BIM5D 平台新建项目、修改项目、删除项目的操作。
4. 评价反馈。

学习活动1 明确学习任务

学习领域编号—4—1		学习情境 明确学习任务		页码：1
姓名：	班级：			日期：

能力目标

1. 能够明确本项目的任务和要求。
2. 能够明确学习BIM5D的意义及内涵。
3. 能够说明BIM5D的技术发展的价值。
4. 具备组织协调、合作完成工作任务的能力。
5. 具备利用网络资源自我学习的能力。

任务书

识读某住宅项目建筑施工图中的总平面图、平面图、立面图、剖面图、详图，识图结构施工图中的梁、板、柱、墙平面图；通过网络课程等资源认识BIM5D的意义及内涵，明晰BIM5D的技术发展的价值及应用。

任务分组

填写学生任务分配表(表4-1-1)。

表 4-1-1 学生任务分配表

班级		组号		指导教师	
组长		学号			
组员	姓名	学号	姓名	学号	备注

任务分工：_____

_____

_____

_____

_____

》》》工作准备（获取信息）

1. 阅读工作任务书，总结描述任务名称及要求。

2. 通过网络课程收集建筑信息模型（BIM）职业技能等级标准、"1＋X"BIM 考评大纲中 BIM 职业技能初级、BIM 职业技能中级（建设工程管理类专业 BIM 专业应用）的有关要求。

3. 结合任务书分析 BIM5D 在工程中应用的难点及常见问题。

》》》工作实施

分析并掌握 BIM5D 的功能、技术发展的价值及应用。

》》》引导问题1

简述 BIM5D 的概念。

【小提示】BIM5D 概述

BIM5D 是利用 BIM 模型的数据集成能力，将项目进度、合同、成本、质量、安全、图纸等信息整合并形象化地予以展示，可实现数据的形象化、过程化、档案化管理应用，为项目的进度、成本管控、物料管理等提供数据支撑，实现有效决策和精细管理，从而达到减少施工变更、缩短工期、控制成本、提升质量的目的。BIM5D 是施工单位实现施工现场精细化项目管理的有效工具。

BIM5D 在 BIM 模型的基础上引入时间、商务成本及项目数据等信息，对 BIM 应用中的可视化虚拟建造进行重新定义，使项目管理者在工程建设前预测建设过程中的每个关键部位的施工现场平面布置，设计大型机械及组织措施方案，预测每月每周所需资金、材料、劳动力情况，提前发现问题并优化，并对质量或安全问题精准定位及进行跟踪解决。图 4-1-1 所示为 BIM5D 模型中心、数据中心、应用中心三个中心，模型中心为载体，数据中心为数据支持，应用中心为核心价值。

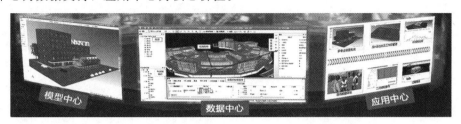

图 4-1-1　BIM5D 概述

基于三端一云，BIM5D 从各岗位工作职能出发，利用 BIM 模型，强化协同工作，减少因沟通不畅、信息错位造成的一系列问题，协助管理人员有效决策和最终实现精细化管理。图 4-1-2 所示为基于 BIM5D 的多级协同。

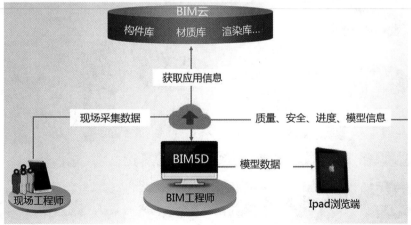

图 4-1-2　基于 BIM5D 的多级协同

>>> **引导问题2**

简述工程施工及工程管理中使用 BIM5D 的意义。

　　在施工过程中，会面临各种各样的问题，如图纸变更、日常安检过程出现质量安全问题等。面对出现的各种问题，在 BIM 时代，无论何种岗位，都将面临信息化工具所带来的时代变化，如何运用信息化工具减少施工现场问题、快速处理出现的问题是需要了解和掌握的技能。图 4-1-3 所示为建造阶段 BIM5D 应用。

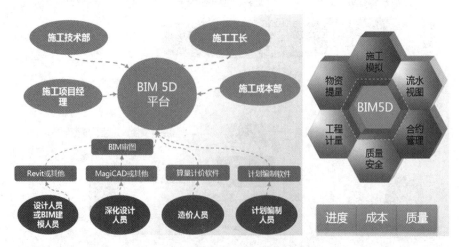

图 4-1-3　建造阶段 BIM5D 应用

》》引导问题₃

"1＋X"BIM考评大纲中BIM职业技能初、中级对BIM5D考察的内容包括哪些？

》》学习情境相关知识点

1. BIM5D

BIM5D是以BIM平台为基础，集成土建、机电等各专业模型，并以集成模型为载体，关联施工过程中的进度、合同、成本、质量、安全、图纸、物料等信息。

2. BIM5D的使用者

工程中BIM5D的使用者包括业主、施工企业、BIM咨询公司、项目管理咨询公司、政府监管部门等。

学习活动 2 BIM5D 系统的认识

学习领域编号－4－2		学习情境　　BIM5D 系统的认识		页码：1	
姓名：		班级：		日期：	

》》能力目标

1. 能够正确认识 BIM5D 系统的组成。

2. 能够熟悉 BIM5D 系统的运行环境。

3. 能够掌握 BIM5D 系统 Web 端、App 端的系统功能。

》》任务书

安装 BIM5D 软件，在 Web 端（App 端）登录 BIM5D 系统主界面，进行注册。

》》任务分组

填写学生任务分配表（表 4-2-1）。

表 4-2-1　学生任务分配表

班级		组号		指导教师	
组长		学号			
组员	姓名	学号	姓名	学号	备注

任务分工：_____

_____

_____

_____

_____

_____

_____

_____

_____

▶▶▶ 工作准备（获取信息）

阅读工作任务书，正确安装 BIM5D 软件（Web 端、App 端）。

▶▶▶ 工作实施

1. 简述 BIM5D 系统的组成。

2. 说明 BIM5D 的运行环境。

3. 简述 BIM5D 系统 Web 端、App 端的系统功能。

▶▶▶ 引导问题1

BIM5D 是基于_____的管理平台，可以通过 BIM 模型关联_____、_____、_____、_____、_____、_____、_____、_____、变更等关键信息，对施工过程进行三维动态模拟。

▶▶▶ 引导问题2

BIM5D 利用 BIM 模型的形象直观、可计算分析的特性，为施工过程中的_____、_____、_____、_____、_____等环节提供准确的数据，提升沟通和决策效率，帮助管理人员实现施工过程的_____、_____管理，提升项目管理效率。

▶▶▶ 引导问题3

平台采用两端一云的模式（包括_____端、_____端、_____协同及_____存储），利用 BIM 模型的数据集成能力，集成项目全过程资料、进度、质量、安全、设计、成本、物资等信息，并发挥 BIM、信息化、云技术的优势，实现项目的可视化、过程化、精细化、规范化、档案化管理，从而达到缩短工期、控制成本、减少设计变更、提升工程质量、预防安全事故、打造项目数字资产的目的。

【小提示】系统介绍

斯维尔 BIM5D 是基于 BIM 施工全过程的管理平台，可以通过 BIM 模型关联进度、合同、成本、质量、安全、图纸、物料、签证、变更等关键信息，对施工过程进行三维动态模拟，利用 BIM 模型的形象直观、可计算分析的特性，为施工过程中的技术、生产、安全、质量、成本等环节提供准确的数据，提升沟通和决策效率，帮助管理人员实现施工过程的数字化、精细化管理，提升项目管理效率，从而达到减少施工变更、缩短工期、控制成本、提升质量的目的。

平台采用两端一云的模式（包括 Web 端、App 端、云协同及云存储），利用 BIM 模型的数据集成能力，集成项目全过程资料、进度、质量、安全、设计、成本、物资等信息，并发挥 BIM、信息化、云技术的优势，实现项目的可视化、过程化、精细化、规范化、档案化管理，从而达到缩短工期、控制成本、减少设计变更、提升工程质量、预防安全事故、打造项目数字资产的目的。

（1）桌面正式端。集成土建、机电、钢构、幕墙等各专业模型，并以集成模型为载体，可以通过 BIM 模型关联进度、合同、成本、质量、安全、图纸、物料、签证、变更等关键信息，对施工过程进行三维动态模拟，利用 BIM 模型的形象直观、可计算分析的特性，为施工过程中的技术、生产、安全、质量、成本等环节提供准确的数据，提升沟通和决策效率，帮助管理人员实现施工过程的数字化、精细化管理，提升项目管理效率，从而达到减少施工变更，缩短工期、控制成本、提升质量的目的。

（2）移动端。斯维尔 BIM5D 移动端基于云端数据库对工程现场的质量安全问题、进度信息等现场资料进行实时采集。

（3）网页端。斯维尔 BIM5D 2020 版协同管理，目标是实现企业项目管理各个环节之间的信息共享和协同办公。平台基于云端数据库用于对项目信息的随时查看、远程管理。平台建设以三维模型为基础，从设计协同管理、成本管理、进度计划管理、质量管理、安全管理等多个方面实现项目的全生命周期管理。

▶▶▶ 引导问题4

硬件环境：①计算机系统必须为_____位操作系统；②计算机应事先安装微软_____、_____软件；③应将之前安装程序卸载干净后再进行软件安装。

>> **引导问题₅**

简述 BIM5D 需要的软件环境。

【小提示】运行环境

(1)硬件环境。

1)计算机系统必须为 64 位操作系统。

2)计算机应事先安装微软 Office、Project 软件。

3)应将之前安装程序卸载干净后再进行软件安装。

(2)软件环境(图 4-2-1)。

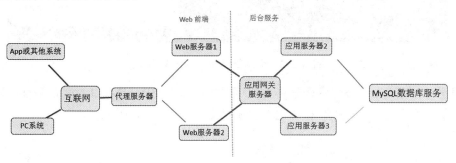

图 4-2-1　BIM5D 运行环境

>> **引导问题6**

如何登录 BIM5D 系统 Web 端？

【小提示】系统功能

Web 端：

1）登录主界面：在浏览器中输入斯维尔 BIM5D 登录网址 https：//edu5d. thsware. com/，进入登录主页面，如图 4-2-2 所示。

图 4-2-2　BIM5D 云平台 Web 端

2）用户在登录主页面输入账号密码即可登录斯维尔 BIM5D，如果没有账号密码可以单击登录页面中的"立即注册"按钮进入注册页面，如图 4-2-3 所示。

图 4-2-3　登录 BIM5D 云平台 Web 端

学习领域编号－4－2	学习情境　BIM5D 系统的认识	页码：6
姓名：	班级：	日期：

Web 端：

1)登录主页。登录进入系统后在项目选择页选择其所参与的项目，进入具体某个项目中。系统分别提供"地图模式"和"列表模式"，能够通过选择右上方界面的图标切换展示方式；另外，能够选择页面右上方的搜索图标按条件进行快速筛选。

2)切换主页模式。可以选择页面上方的"地图"，以及"列表"图标快速切换页面类型。在"地图模式"中，可以通过地图定位找到项目所在位置并选择该项目；在"列表模式"中，可以上下滑动页面进行浏览，每个项目框中展示项目效果图、项目名称信息及地址信息。

》》学习情境相关知识点

　　BIM5D 应用端包括以下三个方面：

　　(1)PC 客户端：包括信息处理、模型浏览、查询功能。

　　(2)Web 端：包括模型浏览、查询功能。

　　(3)云端：搭建文档集中存储平台，实现文档统一存储和分发。

学习活动 3　BIM5D 平台的组成

学习领域编号－4－3	学习情境　　BIM5D 平台的组成	页码：1
姓名：	班级：	日期：

能力目标

1. 能够正确认识 BIM5D 平台的组成。
2. 能够熟悉 BIM5D 项目列表模式。
3. 能够掌握 BIM5D 平台新建项目、修改项目、删除项目的操作。

任务书

认识 BIM5D 平台的组成，在 BIM5D 项目列表模式下，基于某住宅项目案例，进行 BIM5D 平台新建项目、修改项目、删除项目的操作。

任务分组

填写学生任务分配表（表 4-3-1）。

表 4-3-1　学生任务分配表

班级		组号		指导教师	
组长		学号			
组员	姓名	学号	姓名	学号	备注

任务分工：_____

_____

_____

_____

_____

工作准备（获取信息）

　　根据任务单，学习课程网络资源的微课、PPT、视频等资源，获取信息，了解BIM5D平台的组成及项目列表模式。

工作实施

　　简述BIM5D系统的组成。

引导问题1

　　BIM5D平台首页包含_____、_____、_____、_____、_____五个模块信息。

　　【小提示】BIM5D平台主页

　　BIM5D平台首页包含通知公告、进度节点、项目倒计时、形象进度、个人待办五个模块信息，具体如下所述：

　　(1)通知公告数据来源于任务管理模块的通知公告。

　　(2)进度节点信息来源于进度管理模块的总控计划的里程碑节点。

　　(3)项目倒计时数据根据新建项目时填写的项目开始时间、项目结束时间计算得出。

　　(4)形象进度数据来源于项目详情模块的形象进度，形象进度以轮播图的形式展示；其类型可分为进度展示、质量展示、安全文明施工展示、重大展示。

　　(5)个人待办数据来源于任务管理模块的任务列表。

引导问题2

　　斯维尔BIM5D项目列表模式：斯维尔BIM5D项目列表分为_____、_____两种模式。

　　【小提示】BIM5D项目列表

　　BIM5D项目列表分为地图、列表两种模式。使用者可以在斯维尔项目列表中新建项目、修改项目信息、删除项目等操作。

　　1. 地图模式

　　项目列表默认是卫星地图模式，地图模式分为普通地图展示和卫星地图展示两种方式；用户新建项目时输入的项目经纬度会将项目定位在地图上，地图上的序号图标"▣"与项目列表中的序号图标"▣"相对应。

　　用户可以在页面左上角单击"地图/混合"按钮切换地图模式。单击"地图"按钮切换为普通地图模式。

　　2. 列表模式

　　用户可以在地图模式中单击"模式切换"按钮切换为列表模式，列表模式也分为视图模式和列表模式两种模式。

　　用户进入列表模式默认为视图列表，可以对项目进行新建项目、修改项目、删除项目等操作，用户可以在页面的右上角单击"▨▤"按钮切换为列表模式的项目列表。视图模式效果图如图 4-3-1 所示。

图 4-3-1　BIM5D 云平台列表模式效果图

3. 驾驶舱模式

　　可以在任一模式中单击"模式切换"按钮切换为驾驶舱模式，如图 4-3-2 所示。

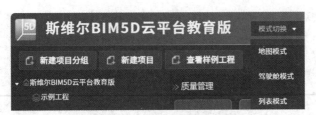

图 4-3-2　切换驾驶舱模式

　　进入驾驶舱模式后可以新建项目分组、新建项目、修改项目、删除项目等操作，单击驾驶舱模式中左侧项目列表，可以显示对应项目的质量问题、安全问题的汇总和项目进度的显示，在界面的下方显示所有的项目，如图 4-3-3 所示。

图 4-3-3　驾驶舱模式效果图

>>> 引导问题3

　　如何在BIM5D平台新建项目、修改项目、删除项目？

　　【小提示】在BIM5D平台新建项目、修改项目、删除项目

　　1. 新建项目

　　新建项目需要拥有新建项目的权限，在项目主页单击"新建项目"按钮，在弹出的对话框中输入相关信息单击"保存"按钮，即可在BIM5D平台新建BIM项目。操作步骤如下：

　　(1)单击"新建项目"按钮(图4-3-4)。

图 4-3-4　新建项目

　　(2)输入项目信息，单击"保存"按钮(图4-3-5)。

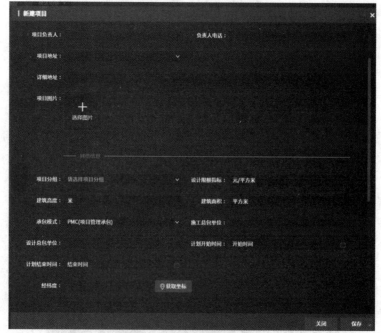

图 4-3-5　输入项目信息

2. 修改项目

修改已有项目的项目信息，需要在项目主页切换为驾驶舱模式或列表模式。在驾驶舱模式或列表中选中需要修改的项目，单击"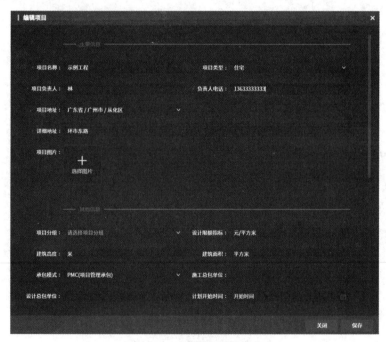"按钮在弹出的表单中修改项目信息。修改完成单击"保存"按钮即可。操作步骤如下：

(1)将项目主页切换为驾驶舱模式或列表模式。

(2)在列表中选中需要修改的项目，单击"　"按钮。

(3)在弹出的表单中修改项目信息，单击"保存"按钮，即可对修改的项目信息保存，如图 4-3-6 所示。

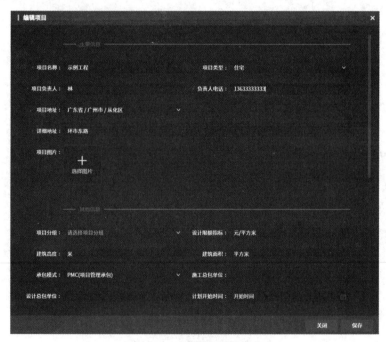

图 4-3-6　修改项目信息

3. 删除项目

删除项目需要拥有删除项目的权限，需要在项目主页切换为驾驶舱模式或列表模式。单击"　"按钮，在弹出的对话框中单击"确认"按钮即可将项目删除。

(1)项目主页切换为列表模式。

(2)选中需要删除的项目，单击"　"按钮。

(3)在弹出的信息框中单击"确认"按钮。

>> **学习情境相关知识点**

BIM5D 应用管理内容如图 4-3-7 所示。

图 4-3-7　BIM5D 应用管理内容

学习活动 4 评价反馈

学习领域编号—4—4	学习情境　评价反馈	页码：1
姓名：	班级：	日期：

▶▶ 能力目标

1．能够正确说明 BIM5D 系统的组成及功能。

2．能够比较"1＋X"BIM 考评大纲中 BIM 职业技能初级、中级对 BIM5D 考察的内容。

3．能够进行自检，发现学习过程中的问题并改正。

▶▶ 任务书

对 BIM5D 系统及 BIM5D 平台正确认识并自我总结，检测操作过程中出现的问题并修正。

各组代表展示作品，介绍任务的完成过程。作品展示前准备(准备阐述材料，填写阐述项目表)，并完成表 4-4-1、表 4-4-2、表 4-4-3 的填写。

表 4-4-1　学生自评表

任务	完成情况记录
任务是否按计划时间完成	
相关理论完成情况	
技能训练情况	
任务完成情况	
任务创新情况	
材料上交情况	
收获	

表 4-4-2　学生互评表

序号	评价项目	小组互评	教师评价	总评
1	任务是否按时完成			
2	材料完成上交情况			
3	成果质量			
4	语言表达能力			
5	小组成员合作面貌			
6	创新点			

表 4-4-3　教师评价表

序号	评价项目	自我评价	互相评价	教师评价	综合评价
1	学习准备				
2	引导问题填写				
3	规范操作				
4	完成质量				
5	关键操作要领掌握				
6	完成速度				
7	参与讨论主动性				
8	沟通协作				
9	展示汇报				

注：评价档次统一采用 A(优秀)、B(良好)、C(合格)、D(努力)四个。

学习任务 5　　BIM5D 项目信息

BIM5D 在建筑业数字化转型大背景下，应用 BIM 技术，高效落实四控三管一协调、解决项目管理问题，实现项目管理目标。

能力目标

1. 能了解 BIM5D 项目信息模块包含的子模块内容。
2. 能进行形象进度轮播的操作流程，能进行轮播图更换操作。
3. 能了解项目信息模块的操作过程，编写项目简介和项目信息。
4. 能进行形象进度的操作。

学习情境描述

教学情境描述：某住宅建筑面积约为 272 m²，框架结构，建筑基底面积为 125.4 m²。地下 0 层，地上 3 层，建筑高度为 10.5 m。一层层高均为 3.9 m，二层层高为 3.3 m，出屋顶楼层层高为 3 m，屋面形式为坡屋顶。门窗装饰等，学员自定。在 BIM5D 平台进入项目信息模块，进行轮播图更换操作，完成项目信息模块的操作过程，编写项目简介和项目信息，进行形象进度的操作。

教学流程与活动

1. 明确学习任务。
2. BIM5D 项目信息模块包含的子模块内容的认识。
3. 分析 BIM5D 平台项目信息模块轮播图更换操作，项目信息模块的操作，编写项目简介和项目信息，进行形象进度的操作过程。
4. 评价反馈。

学习活动 1　明确学习任务

学习领域编号—5—1	学习情境　明确学习任务		页码：1
姓名：	班级：		日期：

>> 能力目标

1. 能够了解 BIM5D 项目信息模块包含的内容。

2. 能够进行项目信息模块的操作。

3. 具备组织协调、合作完成工作任务的能力。

4. 具备利用网络资源自我学习的能力。

>> 任务书

认识 BIM5D 项目信息管理的作用，BIM5D 项目信息管理的操作内容。

>> 任务分组

填写学生任务分配表(表 5-1-1)。

表 5-1-1　学生任务分配表

班级		组号		指导教师	
组长		学号			
组员	姓名	学号	姓名	学号	备注

任务分工：_____

_____

_____

>> 工作准备（获取信息）

1. 通过网络课程收集 BIM5D 项目信息管理的案例应用。

2. 结合任务书分析 BIM5D 项目信息管理在工程应用中常见的问题。

>>> **工作实施**

分析并掌握 BIM5D 信息管理的作用、BIM5D 信息管理包括的内容。

>>> **引导问题1**

简述 BIM5D 项目信息管理的作用。

>>> **引导问题2**

概括 BIM5D 信息管理包括的内容。

>>> **学习情境相关知识点**

BIM5D 平台以 BIM 模型为项目管理载体，以施工过程中的模型变动全过程为主线，围绕其项目开展全过程，进行文档资料、设计信息、进度信息、质量信息、安全信息、物质信息、成本信息等的各项管理业务。

学习领域编号－5－2	学习情境　形象进度轮播、进度条、公告查看	页码：1
姓名：	班级：	日期：

能力目标

1. 能够明确本项目的任务和要求。
2. 能够了解 BIM5D 项目信息模块包含的子模块内容。
3. 能够进行形象进度轮播的操作流程，并能够进行轮播图更换操作。
4. 能够查看项目公告。
5. 能够进行形象进度的操作。
6. 具备组织协调、合作完成工作任务的能力。
7. 具备利用网络资源自我学习的能力。

任务书

1. 基于某住宅项目案例，完成三端数据搭建。
2. 基于某住宅项目案例，熟悉 BIM5D 项目总览页面包含模块的内容。
3. 基于某住宅项目案例，完成进度轮播的操作流程，进行轮播图更换。
4. 基于某住宅项目案例，完成编写项目简介和项目信息。

任务分组

填写学生任务分配表（表 5-2-1）。

表 5-2-1　学生任务分配表

班级		组号		指导教师	
组长		学号			
组员	姓名	学号	姓名	学号	备注

任务分工：_____

_____

_____

_____

▶▶ 工作准备（获取信息）

1. 阅读工作任务书，总结描述任务名称及要求。
2. 收集汇总某住宅项目案例有关的项目信息及单体楼层信息。
3. 收集汇总某住宅项目案例的专业实体模型、场地模型及其他机械模型。
4. 结合任务书分析模型在导入 BIM5D 过程中的难点及常见问题。

▶▶ 工作实施

分析并掌握 BIM5D 项目总览页面包含的内容。

▶▶ 引导问题1

首页项目信息模块是对整个项目信息的概述，包含＿＿＿＿＿＿、＿＿＿＿＿＿、＿＿＿＿＿＿、＿＿＿＿＿＿四个子模块。

【小提示】

首页项目信息模块是对整个项目信息的概述，包含项目详情、项目总览、形象进度、视频监控四个子模块。可以通过项目信息快速地了解项目的情况，通过视频监控实时查看现场施工情况。

▶▶ 引导问题2

项目总览显示＿＿＿＿＿＿、＿＿＿＿＿＿、＿＿＿＿＿＿、＿＿＿＿＿＿、＿＿＿＿＿＿及通知公告等内容。可以通过首页查看到项目的和，以轮播的方式进行滚动。

【小提示】

项目总览显示项目图片、形象进度图片、进度节点、个人待办、通知公告等内容（图 5-2-1）。可以通过首页查看到项目的效果图和施工现场图片，施工现场图片以轮播的方式进行滚动。进度信息和关键节点展示可以左右拖动，个人待办显示当前登录用户待办的任务，通过某一条待办任务可以查看待办详情，待办任务设有预警提醒。通知公告展示重要事项，可以通过某一条公告进入公告详细页面进行查看。

图 5-2-1 通知公告

引导问题3

形象进度轮播显示当前项目施工现场第几周的进度图片，可自定义相册类型的展示，图片由"_____"模块导入，单击选择在首页展示即可。

引导问题4

轮播图更换操作步骤如下：

(1)项目信息模块中单击"_____"。

(2)在形象进度页面选中一个相册单击进入相册查看图片列表。

(3)选择图片单击" 🖊 "按钮，在弹出框中将"首页展示"按钮，启用轮播图更换。

引导问题5

进度条显示项目开始时间、结束时间、重大节点时间及项目总体进度，通过上下两侧的_____来查看隐藏的关键节点。

【小提示】

(1)形象进度轮播。显示当前项目施工现场第几周的进度图片，可自定义相册类型的展示，图片由"形象进度"模块导入，单击选择在首页展示即可。

轮播图更换操作如下所示：

1)项目信息模块中单击"形象进度"。

2)在形象进度页面选中一个相册单击进入相册查看图片列表。

3)选择图片单击" 🖊 "按钮，在弹出框中将"首页展示"按钮，启用轮播图更换(图 5-2-2)。

(2)进度条(图5-2-3)。显示项目开始时间、结束时间、重大节点时间及项目总体进度，通过上下两侧的箭头来查看隐藏的关键节点。

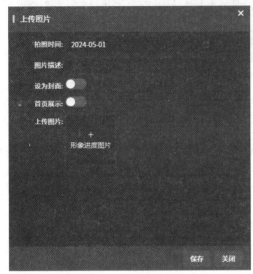

图 5-2-2　轮播图更换

图 5-2-3　进度条显示

(3)个人待办(图5-2-4)。可以在首页查看个人待办任务，单击任务进行办理。

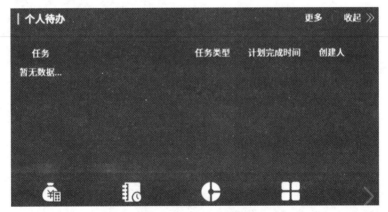

图 5-2-4　个人待办

个人待办前面的图标提供预警功能，⬤表示延期及距离任务完成时间在一天内，个人待办后面提供任务完成的具体时间。单击"更多"可以查看所有的任务。

（4）通知公告。可以在首页查看通知公告，单击任务进行办理。

单击"查看"按钮跳转到公告的详细页面；单击"更多"按钮查看所有的通知公告(图 5-2-5)。

图 5-2-5　通知公告首页

▶▶▶ **学习情境相关知识点**

形象进度轮播： 显示当前项目施工现场第几周的进度图片，可自定义相册类型的展示，图片由"形象进度"模块导入，单击选择在首页展示即可。

学习活动 3　项目信息

学习领域编号－5－3	学习情境　项目信息		页码：1
姓名：	班级：		日期：

能力目标

1. 能够编写项目简介、项目详情。

2. 能够新建形象进度相册、上传形象进度相片。

3. 能够编辑相册、相片信息。

4. 能够删除相册、相片信息。

5. 具备组织协调、合作完成工作任务的能力。

6. 具备利用网络资源自我学习的能力。

任务书

对某住宅项目案例在 BIM5D 平台编辑项目简介、项目详情，新建该项目的形象进度相册、上传形象进度相片，并编辑相册、相片信息。

任务分组

填写学生任务分配表（表 5-3-1）。

表 5-3-1　学生任务分配表

班级		组号		指导教师	
组长		学号			
组员	姓名	学号	姓名	学号	备注

任务分工：_____

_____

_____

_____

_____

工作准备（获取信息）

1. 阅读工作任务书，总结描述任务名称及要求。
2. 收集本项目的项目基本信息。
3. 收集本项目的形象进度相片。

工作实施

1. 对某住宅案例在 BIM5D 平台编写项目简介、项目详情。
2. 对某住宅案例在 BIM5D 平台新建形象进度相册、上传形象进度相片。
3. 对某住宅案例在 BIM5D 平台编辑相册、相片信息。
4. 对某住宅案例在 BIM5D 平台删除相册、相片信息。

引导问题1

项目信息模块包含＿＿＿＿＿＿＿＿＿、＿＿＿＿＿＿＿＿＿两个子模块。

引导问题2

编写项目简介的步骤如下：
(1)进入项目详情模块，单击"＿＿＿＿＿＿"按钮。
(2)在弹出的表单中编辑对应的信息，单击"＿＿＿＿＿＿"按钮。

引导问题3

编写项目详情的步骤如下：
(1)进入项目详情模块，单击"＿＿＿＿＿＿＿＿＿"按钮。
(2)在弹出的表单中编写项目详细信息，单击"＿＿＿＿＿＿"按钮。

引导问题4

新建形象进度相册的步骤如下：
(1)进入项目详情模块的形象进度，单击左上角的"＿＿＿＿＿＿"按钮。
(2)在弹出的表单中填写相应的信息，单击"＿＿＿＿＿＿"按钮。

引导问题5

上传形象进度相片步骤如下：
(1)单击新建的相册，进入相册。
(2)进入相册，单击右上角的"＿＿＿＿＿＿"按钮。

（3）弹出相片信息表单（设为封面：将图片设置为相册的封面；首页展示：将图片展示在首页的形象进度中）。

（4）单击相片信息表单中上传照片的""按钮，从本地选中需要上传的相片单击"_____"。

（5）相片上传成功，单击"_____"按钮。

引导问题6

编辑相册、相片信息步骤如下：

（1）选中需要编辑的相册、相片，单击"编辑"按钮 🖊。

（2）在弹出的相册、相片表单中_____对应的信息，单击"保存"按钮。

引导问题7

删除相册、相片信息步骤如下：

（1）选中需要删除的相册、相片，单击"删除"按钮 🗑。

（2）在弹出的确认信息框中单击"_____"按钮。

【小提示】项目信息模块

项目信息模块包含项目详情、项目区域、视频监控、形象进度三个子模块。

1. 项目详情

项目详情模块分为项目详情简介、项目详情介绍两个模块，项目详情简介数据来源于创建项目时填写的数据，项目详情介绍是需要用户自己编辑。效果图如图 5-3-1 所示。

图 5-3-1　项目详情

（1）编写项目简介。

1）进入项目详情模块，单击"项目简介编辑"按钮（图 5-3-2）。

图 5-3-2　项目简介编辑页面

2)在弹出的表单中编辑对应的信息，单击"保存"按钮（图5-3-3）。

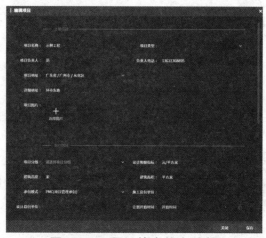

图5-3-3　项目简介信息编辑

（2）编写项目详情。

1)进入项目详情模块，单击"项目详情编辑"按钮（图5-3-4）。

图5-3-4　项目详情编辑

2)在弹出的表单中编写项目详细信息，单击"保存"按钮。

2. 项目区域

项目区域是用于区分项目的每个区域，在为成本管理核算成本时提供基础，单击"新增"按钮添加项目区域（图5-3-5）。在弹出的对话框中将对应的信息填写好之后，单击"保存"按钮即新增完成一个新的区域。

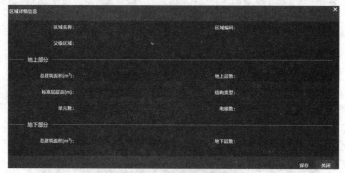

图5-3-5　新增项目区域

3. 视频监控

视频监控是用于实时查看项目现场的真实情况。

4. 形象进度

形象进度用于保存项目施工过程产生的相片，形象进度相片分为进度展示、质量展示、安全文明施工展示、重大展示四种类型。

（1）新建形象进度相册。

1）进入项目详情模块的形象进度，单击左上角的"新建相册"按钮。

2）在弹出的表单中填写相应的信息，单击"保存"按钮（图5-3-6）。

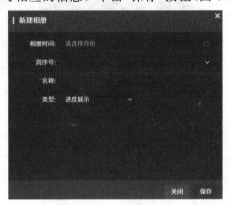

图 5-3-6　新建相册

新建相册时选择的相册类型与首页中的形象进度类型相对应。

（2）上传形象进度相片。

1）单击新建的相册，进入相册。

2）进入相册，单击右上角的"上传照片"按钮（图5-3-7）。

2024年6月第5周 2　　返回上一级　上传照片

图 5-3-7　上传形象进度相片

3）弹出照片信息表单（设为封面：将图片设置为相册的封面；首页展示：将图片展示在首页的形象进度中）（图5-3-8）。

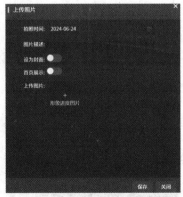

图 5-3-8　相片信息表单

4)单击照片信息表单中上传照片的"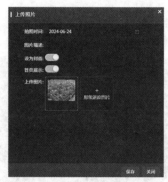"按钮，从本地选中需要上传的照片单击"打开按钮"。

5)照片上传成功，单击"保存"按钮(图 5-3-9)。

图 5-3-9　上传形象进度图片

(3)编辑相册、相片信息。

1)选中需要编辑的相册、相片，单击"编辑"按钮✐(图 5-3-10)。

2)在弹出的"编辑照片"对话框中修改对应的信息，单击"保存"按钮(图 5-3-11)。

图 5-3-10　选中相册

图 5-3-11　编辑照片

(4)删除相册、相片信息。选中需要删除的相册、相片，单击"删除"按钮🗑，在弹出的确认对话框中单击"确认"按钮(图 5-3-12)。

图 5-3-12　删除相册、相片

>> **学习情境相关知识点**

1. 项目详情

项目详情模块分为项目简介、项目详情介绍两个模块，项目详情简介数据来源于创建项目时填写的数据，项目详情介绍是需要用户自己编辑。

2. 项目区域

用于区分项目的每一个区域。

学习活动4　评价反馈

学习领域编号－5－4	学习情境　评价反馈	页码：1
姓名：	班级：	日期：

》》能力目标

1. 能够正确完成任务要求的成果。

2. 能够熟悉各阶段的操作过程和步骤。

3. 能够对完成的成果进行自检，发现学习过程中的问题并改正。

》》任务书

对项目信息的编辑操作进行自我总结，检测操作过程中出现的问题并修正。

各组代表展示作品，介绍任务的完成过程。作品展示前准备(准备阐述材料，填写阐述项目表)，并完成表5-4-1、表5-4-2、表5-4-3的填写。

表 5-4-1　学生自评表

任务	完成情况记录
任务是否按计划时间完成	
相关理论完成情况	
技能训练情况	
任务完成情况	
任务创新情况	
材料上交情况	
收获	

表 5-4-2　学生互评表

序号	评价项目	小组互评	教师评价	总评
1	任务是否按时完成			
2	材料完成上交情况			
3	成果质量			
4	语言表达能力			
5	小组成员合作面貌			
6	创新点			

表 5-4-3　教师评价表

序号	评价项目	自我评价	互相评价	教师评价	综合评价
1	学习准备				
2	引导问题填写				
3	规范操作				
4	完成质量				
5	关键操作要领掌握				
6	完成速度				
7	参与讨论主动性				
8	沟通协作				
9	展示汇报				

注：评价档次统一采用 A(优秀)、B(良好)、C(合格)、D(努力)四个。

文档管理能实现项目全生命周期的文档分类管理，可以进行文档的增加、删减、查询、更改，包括各专业设计文档、施工文档、会议纪要。

文档管理主要对施工过程中的各种图纸、方案、模型等进行管理，可对相关文件进行上传、下载、删除、预览、编辑、版本更新、设置权限等。

能力目标

1. 能够了解文档添加的方法，熟悉创建文件夹的功能应用，掌握上传文件夹及文件的步骤。

2. 能够熟悉文件的基本操作，掌握文件锁定/解锁的方法。

3. 能够熟悉文件下载、文件移动的基本应用，能进行收发文操作。

4. 能够掌握文件编辑的方法，并能够进行权限设置。

学习情境描述

某住宅建筑面积约为 272 m²，框架结构，建筑基底面积为 125.4 m²。地下 0 层，地上 3 层，建筑高度为 10.5 m。一层层高均为 3.9 m，二层层高为 3.3 m，出屋顶楼层层高为 3 m，屋面形式为坡屋顶。门窗装饰等，学员自定。在 BIM5D 平台进行 BIM5D 文档管理，添加文档、文件夹，上传文件夹及文件，并对文件锁定或解锁。进行文件下载、文件移动、收发文，并进行权限设置。

教学流程与活动

1. 明确学习任务。

2. 添加与某住宅项目有关准备阶段的合同、图纸文件；添加施工阶段的工程变更、会议纪要等文件。

3. 创建某住宅项目有关准备阶段的立项审批文件夹，施工阶段的土建、安装、装饰专业文件夹，并上传各阶段的有关文件。

4. 对上传的某住宅项目土建施工阶段工程变更的文件进行下载、移动等操作。

5. 对上传的某住宅项目土建施工阶段的地基基础、主体结构、屋面工程文件进行编辑，并进行权限设置。

6. 评价反馈。

学习活动 1 明确学习任务

学习领域编号－6－1	学习情境 明确学习任务		页码：1
姓名：	班级：		日期：

》》》 能力目标

1. 能够描述 BIM5D 文档管理的作用。
2. 能够概括 BIM5D 文档管理的操作内容。
3. 具备组织协调、合作完成工作任务的能力。
4. 具备利用网络资源自我学习的能力。

》》》 任务书

认识 BIM5D 文档管理的作用及 BIM5D 文档管理的操作内容。

》》》 任务分组

填写学生任务分配表(表 6-1-1)。

表 6-1-1 学生任务分配表

班级		组号		指导教师	
组长		学号			
组员	姓名	学号	姓名	学号	备注

任务分工：_____

_____

_____

_____

_____

》》》 工作准备（获取信息）

1. 通过网络课程收集 BIM5D 文档管理的案例应用。
2. 结合任务书分析 BIM5D 文档管理在工程应用的常见问题。

》》》 工作实施

分析并掌握 BIM5D 文档管理的作用、BIM5D 文档管理的操作内容。

▶▶▶ **引导问题₁**

简述 BIM5D 文档管理的作用。

▶▶▶ **引导问题₂**

概括 BIM5D 文档管理的操作内容。

▶▶▶ **学习情境相关知识点**

文档管理能实现项目全生命周期的文档分类管理，可以进行文档的增加、删减、查询、更改，包括各专业设计文档、施工文档、会议纪要。

1. 全过程、多版本管理

通过文档版本管理，实现对文档生命周期的全程管理，以及文档历史版本追溯。通过收发文及文档共享，确保各方信息的一致性。

2. "零"客户端浏览

进行 BIM 模型文件、CAD 文件、Office 文件、PDF 文件、图片文件，在 Web 端及手机端的在线轻量化浏览。通过对文件夹或文件设置读写权限，以及文档锁定功能，确保资料的安全性。

学习活动2 BIM5D 文档管理

学习领域编号－6－2		学习情境　BIM5D 文档管理		页码：1
姓名：	班级：		日期：	

能力目标

1. 能够了解文档添加的方法，熟悉创建文件夹的功能应用，掌握上传文件夹及文件的步骤。

2. 能够熟悉文件的基本操作，掌握文件锁定/解锁的方法。

3. 能够熟悉文件下载、文件移动的基本应用，并能够进行收发文操作。

4. 能够掌握文件编辑的方法，能进行权限设置。

任务书

1. 添加与某住宅项目有关准备阶段的合同、图纸文件；添加施工阶段的工程变更、会议纪要等文件。

2. 创建某住宅项目有关准备阶段的立项审批文件夹，施工阶段的土建、安装、装饰专业文件夹，并上传各阶段的有关文件。

3. 对上传的某住宅项目土建施工阶段工程变更的文件进行下载、移动等操作。

4. 对上传的某住宅项目土建施工阶段的地基基础、主体结构、屋面工程文件进行编辑并进行权限设置。

任务分组

填写学生任务分配表(表 6-2-1)。

表 6-2-1　学生任务分配表

班级		组号		指导教师	
组长		学号			
组员	姓名	学号	姓名	学号	备注

任务分工：_____

_____

▶▶ 工作准备（获取信息）

1. 阅读工作任务书，收集某住宅项目各专业的图纸及准备阶段、施工阶段的文件。

2. 熟悉在项目全过程管理的流程及各专业对应生成的资料文件的分类。

▶▶ 工作实施

1. 添加文档并上传文件及文件夹。

2. 进行文件锁定或解锁。

3. 进行文件下载、文件移动。

4. 在 BIM5D 平台进行收发文。

5. 在 BIM5D 平台进行文件编辑。

6. 对文件进行版本更新。

7. 对 BIM5D 平台对文件上传附件。

▶▶ 引导问题1

如何在 BIM5D 平台中添加文档、文件夹？

【小提示】添加文件、文件夹具体操作

（1）文件添加。登录单击文档管理界面后，将鼠标光标悬停在" ＋ 添加 ∨ "按钮上，下拉列表包括创建文件夹、上传文件夹、上传文件。

132

（2）创建文件夹。单击"创建文件夹"按钮，能够在平台的文件夹目录中创建一个"新建文件夹"，须填写一个名称且最多输入 32 个字，也可以在下拉列表：文件夹类别、文件夹专业中对应选项为文件夹分类，便于后续管理，如图 6-2-1 所示。

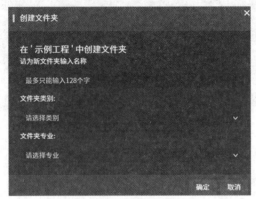

图 6-2-1　创建文件夹

引导问题2

简述如何在 BIM5D 平台上传文件夹及文件。

【小提示】上传文件夹

单击"上传文件夹"按钮，可以将本地文件夹通过拖动或单击搜索，上传至平台中；用户可以选择下拉列表：文件夹类别、文件夹专业中对应选项为文件夹分类，便于后续管理；在"通知"中选择人员，该人员可以收到该上传消息提示。

操作如图 6-2-2 所示。单击"文档管理"，进入文档管理界面，单击"上传文件夹"按钮。选中并上传文件夹。

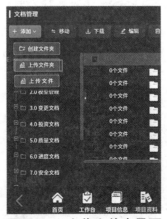

图 6-2-2　上传文件夹界面

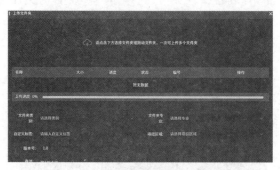

图 6-2-2　上传文件夹界面(续)

【小提示】上传文件

单击"上传文件"按钮，可以将本地文件通过拖动或单击搜索，上传至平台中；可以在下拉列表：文件类别、文件专业中对应选项为文件分类，便于后续管理；在"通知"中选择人员，该人员可以收到该上传消息提示。

操作图 6-2-3 所示，单击"文档管理"，进入文档管理界面，单击"上传文件"按钮。选中并上传文件。

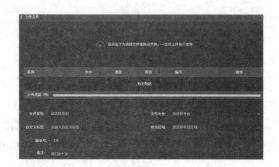

图 6-2-3　上传文件界面

在弹出表单中填写"文档类别""文件专业"等字段并上传文件，单击"上传"按钮上传文件。

>>> **引导问题₃**

如何在 BIM5D 平台对文件锁定或解锁？

【小提示】文件锁定/解锁

用户可以通过"锁定"按钮分别对文件或者文件夹进行锁定，即不允许其他用户在文件或者文件夹中进行删除、移动、编辑，当无须限定时用户可以操作"解锁"按钮(图 6-2-4)。

图 6-2-5 展示的是该文件已经被锁定，当用户删除时系统提示"请选择未被锁定，未被删除并且有权限删除的文档"。

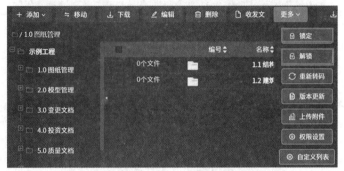

图 6-2-4　锁定、解锁文件

图 6-2-5　文件锁定界面

引导问题4

简述如何在 BIM5D 平台进行文件下载、文件移动。

【小提示】文件下载

可以选择平台中单个或多个文件或文件夹下载到本地。操作如图 6-2-6 所示。

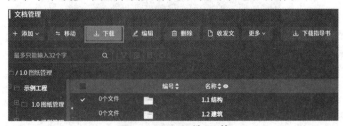

图 6-2-6　文件下载

选中文件后单击"下载"按钮，即可下载文件。

【小提示】文件移动

可以将单个或多个文件或文件夹转移到本部门其他文件夹下。

勾选文件，单击"移动"按钮（图 6-2-7）。

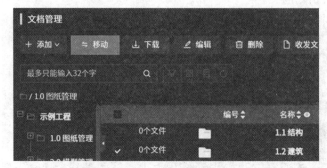

图 6-2-7　文件移动

在弹出对话框中选择移动的文件夹位置（图 6-2-8）。

图 6-2-8　移动文件夹位置选择

单击"移动"按钮，移动成功（图 6-2-9）。

图 6-2-9　移动文件夹完成

>>> **引导问题**

简述如何在 BIM5D 平台进行收发文。

【小提示】收发文

(1)收文。文件接收人登录账号之后，右上角会收到消息通知对话框，可以直接单击某一条消息进行查看。在文档管理中会收到文件接收的通知，可以将收到的文件存放到相应的文件夹中。

收文提示对话框如图 6-2-10 所示。

收到通知单击"确定"按钮。在弹出的对话框中单击"选择文件夹"按钮选择存放文件位置(图 6-2-11)。

图 6-2-10　收文界面

图 6-2-11　文件夹列表

选择好存放位置勾选上要存放的文件单击"保存"按钮，收文成功。

（2）发文。对于不同单位之间的文件传送，用户可使用"收发文"功能发送给其他单位的人员，可根据下拉列表：接收人、通知人进行选择，勾选完成后，单击"发送"按钮则可以完成发送（图 6-2-12）。

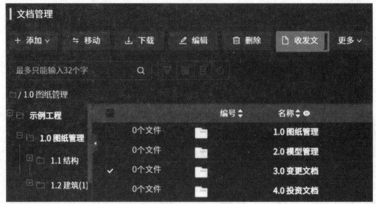

图 6-2-12　收发文

勾选文件单击"收发文"按钮，在弹出的对话框中单击" + 8 "按钮选择接收人和抄送人，选择好接收人单击"发送"按钮（图 6-2-13）。

图 6-2-13　发文列表

>>> 引导问题6

简述在 BIM5D 平台如何进行文件编辑。

【小提示】文件编辑

用户可以更改文件或文件夹的属性信息。操作如图 6-2-14 所示。

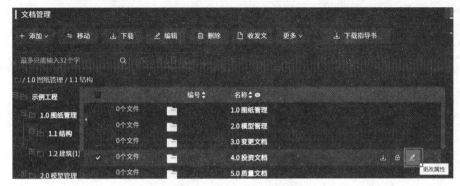

图 6-2-14　文件编辑

勾选文件，单击"编辑按钮"或单击文件后携带的"✐"按钮（图 6-2-15）。

图 6-2-15　文件属性修改

在弹出的对话框中修改文件属性，带 * 号的为必填项，不能为空。单击"确认"按钮修改成功。

>>> 引导问题7

简述文件如何进行版本更新。

【小提示】文件更新

如果需要对文件进行版本更新，新版本会继承原文件的基本属性并代替原文件。具体操作步骤如下：

(1)选中需要进行版本更新的文件，单击"版本更新"按钮(图 6-2-16)。

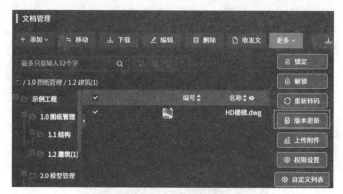

图 6-2-16　版本更新

(2)在弹出的对话框中单击"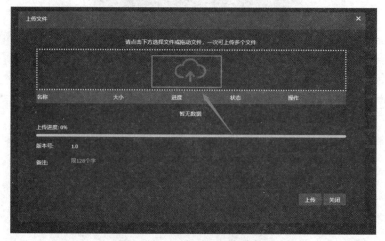"按钮，选择更新文件(图 6-2-17)。

图 6-2-17　更新文件选择

（3）选择好文件后，输入版本号和备注信息单击"上传"按钮（图 6-2-18）。

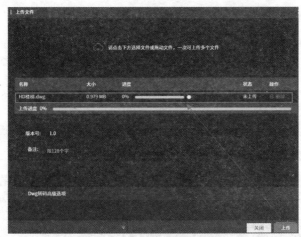

图 6-2-18　上传文件

（4）更新成功（图 6-2-19）。

图 6-2-19　更新成功

（5）可以选中文件查看文件的修订本（图 6-2-20）。

图 6-2-20　查看文件修订本

>>> **引导问题8**

如何在 BIM5D 平台对文件上传附件？

【小提示】文件挂接附件

可以对文件上传附件，也可以在模型文件上挂接说明附件。具体操作步骤如下：

(1)选中需要上传附件的文件，单击"上传附件"按钮(图 6-2-21)。

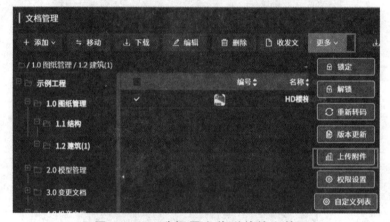

图 6-2-21　选择需上传附件的文件

(2)在弹出的对话框中单击"　　"按钮，选择需要上传的附件(图 6-2-22)(附件支持
格式：Word、Excel、普通图片)。

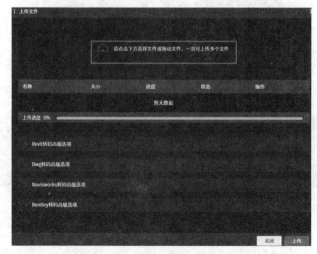

图 6-2-22　选择需上传的附件

(3)选择好附件，编辑版本号，单击"上传"按钮(图 6-2-23)。

图 6-2-23　上传附件

(4)查看文件的附件(图 6-2-24)。

图 6-2-24　查看文件的附件

》》学习情境相关知识点

　　文档管理主要对施工过程中的各种图纸、方案、模型等进行管理，可对相关文件进行上传、下载、删除、预览、编辑、版本更新、设置权限等。

学习活动 3　BIM5D 文档权限设置

学习领域编号－6－3	学习情境　BIM5D 文档权限设置		页码：1
姓名：	班级：		日期：

能力目标

1. 能够明确本项目的任务和要求。
2. 能够进行 BIM5D 的文档权限设置。
3. 具备组织协调、合作完成工作任务的能力。
4. 具备利用网络资源自我学习的能力。

任务书

对 BIM5D 文档权限进行设置。

任务分组

填写学生任务分配表（表 6-3-1）。

表 6-3-1　学生任务分配表

班级		组号		指导教师	
组长		学号			
组员	姓名	学号	姓名	学号	备注

任务分工：_____

_____

_____

_____

工作准备（获取信息）

1. 阅读工作任务书，总结描述任务名称及要求。
2. 通过网络课程预习 BIM5D 文档权限设置的操作流程。

工作实施

进行 BIM5D 文档权限设置。

▶▶▶ **引导问题**

如何在 BIM5D 进行文档权限设置？

【小提示】**权限设置**

(1)可以针对某个文件或文件夹，赋予权限给其他单位。选中文件或文件夹单击"权限设置"按钮(图 6-3-1)。

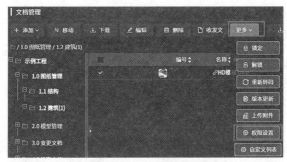

图 6-3-1　权限设置

(2)单击"添加权限"按钮(图 6-3-2)。

图 6-3-2　添加权限

(3)在弹出的对话框中选择设置单位(图 6-3-3)。

图 6-3-3　选择设置单位

（4）选中单位勾选权限单击"保存"设置成功。

》》学习情境相关知识点

1. 权限设置

在 BIM5D 平台针对某个文件或者文件夹，赋予权限给其他单位。

2. 全过程资料管理

以文档管理为基础核心，进行集中存储，可自定义多级分类，实现项目全过程资料分类、集中存储。使用权限设置管控，保证文件存储过程中的安全性。

学习活动4　评价反馈

▶▶ 能力目标

1. 能够对文档管理操作过程进行总结。
2. 能够进行自检，发现学习过程中的问题并改正。

▶▶ 任务书

对 BIM5D 系统文档管理操作程序及过程进行自我总结，检测操作过程中出现的问题并修正。

各组代表展示作品，介绍任务的完成过程。作品展示前准备（准备阐述材料，填写阐述项目表），并完成表 6-4-1、表 6-4-2、表 6-4-3 的填写。

表 6-4-1　学生自评表

任务	完成情况记录
任务是否按计划时间完成	
相关理论完成情况	
技能训练情况	
任务完成情况	
任务创新情况	
材料上交情况	
收获	

表 6-4-2　学生互评表

序号	评价项目	小组互评	教师评价	总评
1	任务是否按时完成			
2	材料完成上交情况			
3	成果质量			
4	语言表达能力			
5	小组成员合作面貌			
6	创新点			

表 6-4-3　教师评价表

序号	评价项目	自我评价	互相评价	教师评价	综合评价
1	学习准备				
2	引导问题填写				
3	规范操作				
4	完成质量				
5	关键操作要领掌握				
6	完成速度				
7	参与讨论主动性				
8	沟通协作				
9	展示汇报				

注：评价档次统一采用 A（优秀）、B（良好）、C（合格）、D（努力）四个。

学习任务 7　　BIM5D 模型管理

BIM5D 是基于 BIM 技术的工程项目全过程管理协同平台。平台采用两端一云的模式（包括 Web 端、手机端、云协同及云存储），BIM 模型的数据集成，进行轻量化处理，对 BIM 模型进行截面分析，了解构件信息。

能力目标

1. 能够了解模型组合的必要性，了解模型集成和模型轻量化的意义。

2. 能够了解模型管理中空间漫游的意义价值，掌握基于空间漫游的应用方法，熟悉空间漫游的功能运用。

3. 能够了解截面分析功能的意义，掌握截面分析的应用方法，熟悉截面分析功能运用。

4. 能够掌握分解模型的方法。

5. 能够掌握构件特性表的功能运用。

6. 能够了解二维码管理的意义，掌握二维码管理的应用方法。

学习情境描述

某住宅建筑面积约为 272 m²，框架结构，建筑基底面积为 125.4 m²。地下 0 层，地上 3 层，建筑高度为 10.5 m。一层层高均为 3.9 m，二层层高为 3.3 m，出屋顶楼层层高为 3 m，屋面形式为坡屋顶。门窗装饰等，学员自定。在 BIM5D 平台进行模型集成、模型上传、模型对比、界面分析、构建二维码关联等操作。

教学流程与活动

1. 明确学习任务。

2. 模型集成，对某住宅项目的结构、建筑、装饰、钢结构、机械、电气、管道、场地布置各类别 BIM 模型进行集成，形成项目 BIM 模型（管理载体），并根据项目动态进行更新。

3. 模型轻量化，上传平台所有模型，后台自动进行轻量化处理。项目管理全部基于轻量化模型。Web 端及手机端，项目模型浏览全部基于轻量化模型。

4. 模型对比，Revit 不同版本模型对比，将新增、修改、删除的构件通过不同颜色显示，构件变化一目了然。

5. 截面分析，对某住宅项目 BIM 模型进行截面分析。分解模型，了解构件信息。

6. 对首层、二层主要框架柱、梁、板设置二维码，并关联。

7. 评价反馈。

学习活动 1　明确学习任务

学习领域编号—7—1	学习情境　明确学习任务	页码：1
姓名：	班级：	日期：

>> **能力目标**

1. 能够明确本项目的任务和要求。
2. 能够正确了解模型组合的必要性。
3. 能够了解模型集成和模型轻量化的意义。
4. 具备组织协调、合作完成工作任务的能力。
5. 具备利用网络资源自我学习的能力。

>> **任务书**

1. 了解模型组合的必要性。
2. 了解模型集成和模型轻量化的意义。

>> **任务分组**

填写学生任务分配表(表 7-1-1)。

表 7-1-1　学生任务分配表

班级		组号		指导教师	
组长		学号			
组员	姓名	学号	姓名	学号	备注

任务分工：_____

_____

_____

_____

>> **工作准备（获取信息）**

1. 阅读工作任务书，总结描述任务名称及要求。
2. 通过网络课程预习模型组合的程序。
3. 结合任务书分析 BIM5D 模型组合的难点及常见问题。

▶▶▶ 工作实施

分析并掌握 BIM5D 模型管理的作用。

▶▶▶ 引导问题1

BIM5D 模型管理可对多专业模型进行_____、_____、_____等各种操作。

▶▶▶ 引导问题2

模型管理可以将平台中的模型进行_____、_____操作，对组合模型进行统一管理，模型列表分"个人"和"公开"两大类来展示，具体信息又分为_____、_____、_____、_____、_____几个内容。

BIM5D 模型管理可对多专业模型进行组合、预览、属性查看等各种操作。模型管理可以将平台中的模型进行模型组合、模型对比操作，对组合模型进行统一管理，模型列表分为"个人"和"公开"两大类来展示，具体信息又可分为模型名称、文件数、创建人、创建时间、明细几个内容，如图 7-1-1 所示。

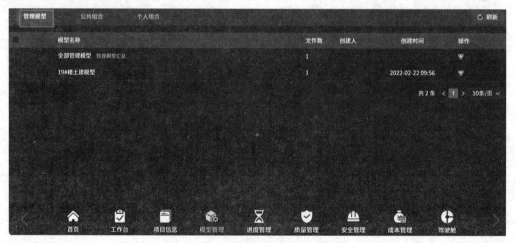

图 7-1-1　BIM5D 模型管理界面

▶▶▶ 学习情境相关知识点

BIM5D 平台中可集成多专业模型，如建筑模型、结构模型、机电模型、钢构模型、场地模型等，针对不同的模型在 BIM5D 平台中有不同的场景的应用及作用。

学习活动 2 模型集成

》》》能力目标

能够掌握模型组合的操作方法。

》》》任务书

对项目的建筑、结构、装饰、电气、管道、场地布置各类别 BIM 模型进行集成，形成项目 BIM 模型。

》》》任务分组

填写学生任务分配表（表 7-2-1）。

表 7-2-1　学生任务分配表

班级		组号		指导教师	
组长		学号			
组员	姓名	学号	姓名	学号	备注

任务分工：_____

_____

_____

_____

_____

_____

_____

_____

工作准备（获取信息）

1. 阅读工作任务书，收集某办公楼各专业 BIM 模型。
2. 熟悉各专业 BIM 模型内容。

工作实施

对 BIM 模型进行集成，形成项目 BIM 模型。

引导问题1

如何进行新增组合模型的操作？

【小提示】模型组合具体操作

模型组合具体操作可以将同专业同类型的 BIM 模型进行组合，组合模型保存在模型管理中，支持组合模型在线预览。组合模型预览效果图如图 7-2-1 所示。

图 7-2-1　组合模型预览效果

（1）进入模型管理模块，单击"模型组合"按钮（图7-2-2）。

图 7-2-2　模型组合

（2）在弹出的对话框中进行模型挑选，需要输入分组名称，选择组合模型的分类。个人分类是只能自己查看，公共分类可以供其他人查看。如果选择公共模型分类，可以将模型设置为管理模型。管理模型是指将该系统中所有使用模型都替换为该模型（图7-2-3）。

图 7-2-3　模型组管理

（3）模型信息填写完成，单击"新增"按钮完成模型组合（图7-2-4）。

图 7-2-4　完成模型组合

153

（4）新增完成（图7-2-5）。

图 7-2-5　新增完成

>>> 引导问题2

如何进行修改组合模型的操作？

【小提示】修改组合模型

单击模型组合后的"修改"按钮可以修改已有的模型组合（图7-2-6）。

图 7-2-6　选择修改已有的模型组合

删除已有的基础模型重新选择 rvt 模型后，修改组合名称、模型组合分类，单击"保存"按钮修改成功（图7-2-7）。

图 7-2-7　修改模型组

>> **引导问题₃**

如何进行删除模型组合的操作？

【小提示】删除模型组合

选中模型组合单击"删除"按钮即可删除模型组合（图 7-2-8）。

图 7-2-8　删除模型组

>> **学习情境相关知识点**

对项目的结构、建筑、装饰、钢结构、机械、电气、管道、场地布置各类别 BIM 模型进行集成，形成项目 BIM 模型（管理载体），并根据项目动态进行更新。

学习活动3　模型浏览

>>> **能力目标**

能够掌握基于空间漫游的应用方法，并能够熟悉空间漫游的功能运用。

>>> **任务书**

对某住宅项目模型首层和二层进行空间漫游，查看首层和二层的构件特性。

>>> **任务分组**

填写学生任务分配表(表7-3-1)。

表 7-3-1　学生任务分配表

班级			组号		指导教师	
组长			学号			
组员	姓名	学号		姓名	学号	备注

任务分工：_____

_____

_____

>>> **工作准备（获取信息）**

1. 阅读工作任务书，收集某别墅各专业 BIM 模型。
2. 熟悉各专业 BIM 模型内容。

>>> **工作实施**

进行 BIM 模型操作。

>>> **引导问题1**

如何进行模型第一视角模型操作？

>>> **引导问题2**

如何进行平移模型？

>>> **引导问题3**

如何进行模型截面分析？

>>> **引导问题4**

如何进行模型分解？

>>> **引导问题5**

如何浏览模型？

>>> **引导问题6**

如何查看模型中构件的特性？

【小提示】模型操作

使用 BIM 模型工具对 BIM 模型进行操作。

(1)第一视角。在查看模型时单击"第一视角"按钮(图 7-3-1)，以第一视角来查看 BIM 模型。第一视角查看模型使用 W、S、A、D 键进行上下左右移动，Q、E 键进行人物升降操作(图 7-3-2)。第一视角效果图如图 7-3-3 所示。

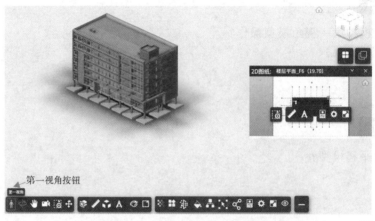

图 7-3-1　第一视角查看模型

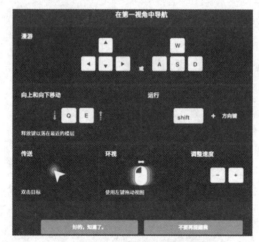

图 7-3-2　第一视角导航

图 7-3-3　第一视角效果图

（2）平移模型。在模型操作列表中单击"拖动"按钮可以自由地拖动模型的位置（图 7-3-4）。

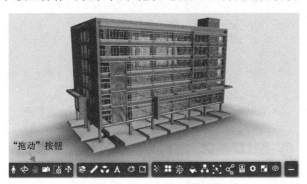

图 7-3-4　平移模型

（3）截面分析。截面分析功能是通过选择 XYZ 轴对模型进行切面，能够使用户更加方便地查看模型的内部情况（图 7-3-5）。

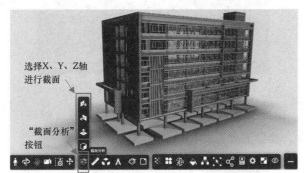

图 7-3-5　截面分析

选择好截面方式通过移动鼠标对模型进行截面（图 7-3-6）。

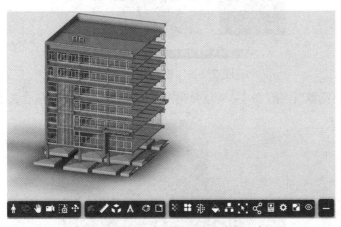

图 7-3-6　对模型进行截面

（4）分解模型。分解模型是将模型所有构件分离，分离距离可以自己调整（图 7-3-7）。

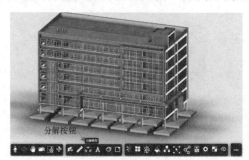

图 7-3-7　分解按钮

拖动拉条对模型进行分解（图 7-3-8）。

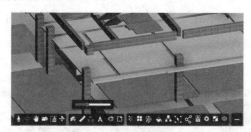

图 7-3-8　模型分解

（5）模型浏览器。模型浏览器（图 7-3-9）是对模型中所有的构件进行一个归类查看，可以在模型浏览器中选择需要查看的构件。

图 7-3-9　模型浏览器

单击"模型浏览器"按钮（图 7-3-10）弹出一个树状的分类框，包含模型中所有的构件并将它们进行分类。

图 7-3-10　模型浏览器按钮

　　(6)构件特性表。选中一个构件，单击模型操作栏中的"特性"按钮(图7-3-11)可以查看该构件的所有信息(图7-3-12)，特性按钮可以配合模型浏览器一起使用。

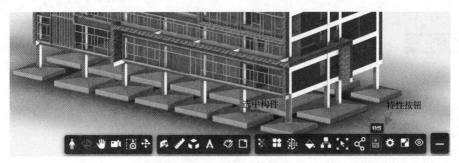

图7-3-11　选中模型构件

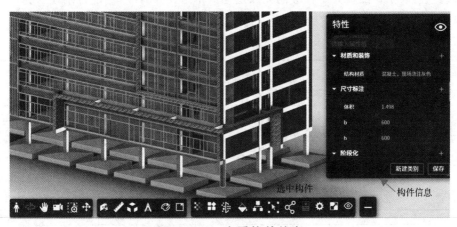

图7-3-12　查看构件信息

≫≫学习情境相关知识点

1. 模型对比

　　支持Revit不同版本模型对比，将新增、修改、删除的构件通过不同颜色显示，构件变化一目了然。

2. 模型版本更新

　　将旧版本的数据继承到新版本的模型中，模型更新后之前模型关联的进度、质量、安全、成本信息都会保留，无须重新关联，实现BIM模型的全过程数据继承。

学习活动4 评价反馈

学习领域编号－7－4	学习情境 评价反馈	页码：1
姓名：	班级：	日期：

▶▶ 能力目标

1. 通过小组成果修正总结掌握模型组合和模型操作的重要步骤。
2. 能够进行自检，发现学习过程中的问题并及时改正。

▶▶ 任务书

对小组完成的成果进行修正总结。

各组代表展示作品，介绍任务的完成过程。作品展示前准备（准备阐述材料，填写阐述项目表），并完成表7-4-1、表7-4-2、表7-4-3的填写。

表7-4-1　学生自评表

任务	完成情况记录
任务是否按计划时间完成	
相关理论完成情况	
技能训练情况	
任务完成情况	
任务创新情况	
材料上交情况	
收获	

表7-4-2　学生互评表

序号	评价项目	小组互评	教师评价	总评
1	任务是否按时完成			
2	材料完成上交情况			
3	成果质量			
4	语言表达能力			
5	小组成员合作面貌			
6	创新点			

表7-4-3　教师评价表

序号	评价项目	自我评价	互相评价	教师评价	综合评价
1	学习准备				
2	引导问题填写				
3	规范操作				
4	完成质量				
5	关键操作要领掌握				
6	完成速度				
7	参与讨论主动性				
8	沟通协作				
9	展示汇报				

注：评价档次统一采用A(优秀)、B(良好)、C(合格)、D(努力)四个。

学习任务 8　　BIM5D 进度协同管理

BIM5D 进度协同管理基于某住宅项目进度协同管理进行工程项目(包括建设前期、初设、施工、验收、竣工等)的计划安排和调整、资源配置和优化,涵盖土建、安装、设备交付进度、设计交付进度等内容,能够实时查询项目进度水平、里程碑计划、一级网络、二级网络计划完成情况;能够利用形象化的进度图对已经正式开始实施的工程项目进行跟踪,实时掌握工程的当前状态和后续工程情况,以及可能影响工程进度情况的工作任务等工程项目信息。

进度计划管理通过 BIM 技术实时展现项目计划进度与实际进度的模型对比,随时随地三维可视化;监控进度进展,提前发现问题,保证项目工期,协助项目管理人员管控现场施工状态;通过二维/三维模型显示最新进度、质量、安全和劳务等生产要素实时情况,支持任务派发,并反馈至 BIM 模型机制,实现对项目的精细化管理。

能力目标

1. 能够了解施工现场流水施工组织方式的意义及原则,掌握基于 BIM 技术进行流水施工的应用方法,熟悉基于 BIM5D 流水段划分的功能运用。

2. 能够了解施工现场进度管理的基本业务,掌握基于 BIM 技术进行进度管理的应用方法,熟悉基于 BIM5D 进行虚拟施工的功能运用。

3. 能够了解工程项目进行施工模拟的意义价值,掌握基于 BIM 技术进行施工模拟的应用方法,熟悉基于 BIM5D 进行虚拟施工的功能运用。

4. 能够了解工程项目进行工况模拟的意义价值,掌握基于 BIM 技术进行工况模拟的应用方法,熟悉基于 BIM5D 进行工况设置及模拟的功能运用。

5. 能够了解施工现场进度对比的意义价值,掌握基于 BIM 技术进行计划进度与实际进度对比的应用方法,熟悉基于 BIM5D 进行实际进度录入及对比模拟的功能运用。

6. 能够了解施工现场物资管理的基本业务,掌握基于 BIM 技术进行物资提量的应用方法,掌握基于 BIM5D 进行物资查询的功能运用。

7. 能够了解施工现场物料跟踪的业务价值,掌握基于 BIM 技术进行物料跟踪的应用方法,掌握基于 BIM5D 进行构件跟踪的功能运用。

学习情境描述

某住宅建筑面积约为 272 m²,框架结构,建筑基底面积为 125.4 m²。地下 0 层,地上 3 层,建筑高度为 10.5 m。一层层高均为 3.9 m,二层层高为 3.3 m,出屋顶楼层层高为 3 m,屋面形式为坡屋顶。门窗装饰等,学员自定。根据项目流水划分要求,完成施工流水段的划分绘制并完成进度关联,根据项目部决策对进度计划进行调整。

教学流程与活动

1. 明确学习任务。
2. 导入施工进度计划,完成进度关联模型,对进度计划进行调整。
3. 根据已完成进度实际时间录入进度计划,制作进度模型对比视频,用于形象进度交底。

学习活动 1 明确学习任务

学习领域编号－8－1		学习情境 明确学习任务		页码：1	
姓名：	班级：			日期：	

能力目标

1. 能够明确本项目的任务和要求。
2. 能够了解施工现场流水施工组织方式的意义及原则。
3. 能够了解 BIM5D 进度协同管理的主要作用。
4. 具备组织协调、合作完成工作任务的能力。
5. 具备利用网络资源自我学习的能力。

任务书

基于某住宅项目，完成流水段划分。基础层、屋顶层作为整体进行施工，1－2 层以中间定位轴为界限划分，钢筋及土建专业均按以上要求进行。

任务分组

填写学生任务分配表(表 8-1-1)。

表 8-1-1 学生任务分配表

班级		组号		指导教师	
组长		学号			
组员	姓名	学号	姓名	学号	备注

任务分工：_____

_____

_____

_____

工作准备（获取信息）

1. 阅读工作任务书，总结描述任务名称及要求。
2. 收集汇总某住宅项目有关的进度计划信息。

▶▶▶ 工作实施

基于某住宅项目，组织流水施工方式，根据项目流水划分要求，完成施工流水段的划分绘制。

▶▶▶ 引导问题1

在组织流水施工时，通常把施工对象划分为劳动量相等或大致相等的若干段，这些段称为 _____ 。每个施工段在某一段时间内只供给一个施工过程使用。

▶▶▶ 引导问题2

划分施工段时，应考虑以下几点：

(1)施工段的分界同施工对象的 _____ 界限(温度缝、沉降缝和建筑单元等)尽可能一致。

(2)各施工段上所消耗的 _____ 尽可能相近。

(3)划分的段数不宜过多，以免使工期延长。

(4)对各施工过程均应有足够的 _____ 。

▶▶▶ 学习情境相关知识点

1. 施工段的划分

施工段划分得合理，一般应遵循下列原则：

(1)同一专业工作队在各个施工段上的劳动量应大致相等，相差幅度不宜超过 10%～15%。

(2)每个施工段内要有足够的工作面，以保证相应数量的工人、主导施工机械的生产效率，满足合理劳动组织的要求。

(3)施工段的界限应尽可能与结构界限(如沉降缝、伸缩缝等)相吻合，或设在对建筑结构整体性影响小的部位，以保证建筑结构的整体性。

2. 组织流水施工的条件

(1)划分施工段(概念上的划分)。

(2)划分施工过程，各施工过程组织独立的施工班组。

(3)安排主要施工过程的施工班组连续、均衡施工。

(4)不同施工过程尽可能组织平行搭接施工。

学习活动 2　总控计划编制及发布

学习领域编号－8－2	学习情境　总控计划编制及发布	页码：1
姓名：	班级：	日期：

能力目标

1. 能够了解总控进度计划编制原则，熟悉进度计划编制依据。
2. 能够掌握总控计划编制方法。

任务书

在总控计划中下载计划模板，在本地进行总控计划编辑，并导入到进度管理中，编制某住宅的施工总控计划。

任务分组

填写学生任务分配表（表 8-2-1）。

表 8-2-1　学生任务分配表

班级		组号		指导教师	
组长		学号			
组员	姓名	学号	姓名	学号	备注

任务分工：＿＿＿＿＿＿＿＿＿＿＿＿＿＿＿＿＿＿＿＿＿＿＿＿＿＿

＿＿＿＿＿＿＿＿＿＿＿＿＿＿＿＿＿＿＿＿＿＿＿＿＿＿＿＿＿＿＿＿＿＿＿＿＿＿

＿＿＿＿＿＿＿＿＿＿＿＿＿＿＿＿＿＿＿＿＿＿＿＿＿＿＿＿＿＿＿＿＿＿＿＿＿＿

＿＿＿＿＿＿＿＿＿＿＿＿＿＿＿＿＿＿＿＿＿＿＿＿＿＿＿＿＿＿＿＿＿＿＿＿＿＿

工作准备（获取信息）

1. 阅读工作任务书，识读施工图纸，进行图纸会审。

2. 收集工程项目承包合同及招标投标书、施工图纸、工程项目概预算资料和劳动、机械台班定额；现场自然条件和环境；采用的主要施工方案及措施、顺序、流水段划分等，以及公司的人力、设备、技术和管理水平；劳动状况、机具设备能力、物资供应来源条件等主要资源需用量。

3. 了解业主要求以及国家、地方现行规范、规程和有关技术规定的要求。

▶▶ 工作实施

下载计划模板，导入总控计划，在线编辑。

▶▶ 引导问题1

如何下载计划模板？如何导入总控计划？

▶▶ 引导问题2

如何设置里程碑节点？

▶▶ 引导问题3

如何在总控计划中对项目进行在线编辑？

【小提示】在线编辑具体操作

（1）下载计划模板。进入总控计划界面，单击"下载 Project 模板"按钮下载计划模板（图 8-2-1）。

图 8-2-1　下载计划模板

（2）导入总控计划。下载总控计划模板到本地，编辑好计划导入平台。具体操作如下：

1）导入操作需要单击"导入 Project"按钮，打开上传文件界面（图 8-2-2）。

图 8-2-2　导入 Project

2）在上传文件界面选中文件，单击"打开"按钮（图 8-2-3）。

图 8-2-3　上传文件

（3）设置里程碑节点。可以对总控计划中的具体计划设置为里程碑节点，也可以将已设为里程碑的节点取消（总控计划中的设为里程碑节点/取消里程碑节点操作都需要先将计划关闭）。具体操作如下：

1）选中计划，单击"设为里程碑节点"按钮（图 8-2-4）。

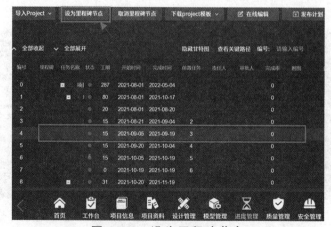

图 8-2-4　设为里程碑节点

2)在提示对话框中核对节点信息，单击"确认"按钮(图 8-2-5)。

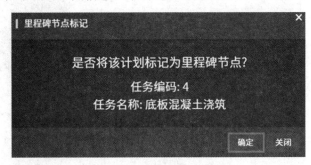

图 8-2-5　核对节点信息

3)设置成功，总控计划中的里程碑计划节点会用 ▇▇ 进行标示(图 8-2-6)。

图 8-2-6　里程碑计划节点标示

(4)在线编辑。随着项目的推进，可以在总控计划中对项目进行在线编辑(在线编辑操作需要将总控计划关闭，完成率 100％的计划不能进行编辑)。具体操作如下：

1)选中需要编辑的计划，单击"在线编辑"按钮(图 8-2-7)。

图 8-2-7　在线编辑进度计划

2)在弹出的对话框中编辑计划信息，单击"暂存"按钮(图8-2-8)。

>>> 引导问题4

简述如何在BIM5D平台查询计划。

【小提示】查询计划

可以按计划时间、计划类型、任务名称、任务状态、责任部门、责任人的信息来进行查询，查询时可以填写其中一个，也可以填写多个进行查询；责任部门、责任人、任务名称可以模糊搜索；填写计划时间查询时，以计划开始时间来查询。

（1）按年查看计划：当筛选框中选择"年"时，选择时间只能选择某一年（图8-2-9）。

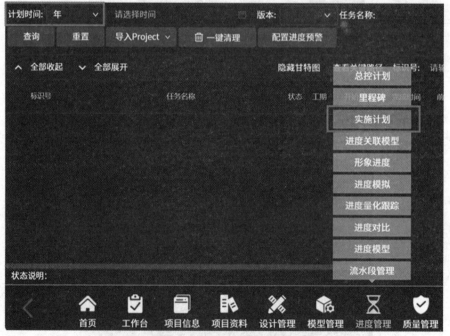

图 8-2-8　编辑计划信息

图 8-2-9　按年查看计划

（2）按月查看计划：当筛选框中选择"月"时，选择时间只能选择某年的某一个月（图8-2-10）。

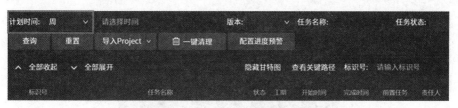

图 8-2-10　按月查看计划

（3）按周查看计划：当筛选框中选择"周"时，选择时间时选择某年某月之后会出现下拉列表，列表中显示第几周和对应的时间，每个周为周一到周日（图 8-2-11）。

图 8-2-11　按周查看计划

（4）自定义时间查看计划：当筛选框中选择"自定义"时，可以选择任意时间段查看计划（图 8-2-12）。

图 8-2-12　自定义时间查看计划

▶▶▶ 引导问题

简述如何在 BIM5D 平台同步总控计划。

【小提示】同步总控计划

在实施计划中没有计划时可以在"甘特图分页"下拉列表中选择"同步总控计划"，直接将总控计划同步到实施计划中（图 8-2-13）；同步总控计划后该计划会默认为锁定状态（同步总控计划，导出计划后必须完善计划类型内容，否则无法发布计划）。

图 8-2-13　同步总控计划

>>> 引导问题6

简述如何在BIM5D平台发布计划。

【小提示】发布计划

(1)对没有锁定的计划可以在"甘特图分页"下拉列表中选择"发布计划"来对计划进行发布(图 8-2-14)。

图 8-2-14　发布计划

发布计划后只能由发布人进行关闭计划，发布计划后用户不可以进行导出计划、导入计划、在线编辑等操作。

(2)计划被锁定之后其他人只能进行查看操作，需要进行其他操作的先关闭计划(图 8-2-15)。

图 8-2-15　锁定计划

>>> **引导问题7**

简述如何在 BIM5D 平台关闭计划。

【小提示】关闭计划

对于已发布的计划可以在"甘特图分页"由锁定人下拉选择"关闭计划"来取消发布计划；取消发布之后若再发布时只对计划进行过在线编辑和在线新增计划操作，则版本号会增加 0.1，若对计划进行过导入 Project 计划的操作，则版本号会增加 1；具体操作如下：

(1)进入实施计划，单击"关闭计划"按钮(图 8-2-16)。

图 8-2-16　关闭计划

(2)关闭计划成功(图 8-2-17)。

图 8-2-17　关闭计划成功

>>> **引导问题8**

简述如何在 BIM5D 平台导出计划。

【小提示】导出计划

关闭计划之后可以对计划进行导出操作，单击"导出"按钮，选择"MS Project/Excel"来导出所有的实施计划（图 8-2-18）。

图 8-2-18　导出计划

引导问题9

简述如何在 BIM5D 平台导入计划。

【小提示】导入计划

在关闭计划的状态下，可以上传计划来更新实施计划，下拉选择"导入 Project 计划"来导入计划。具体操作如下：

（1）进入实施计划，单击"导入 Project"按钮（图 8-2-19）。

图 8-2-19　单击"导入 Project"按钮导入计划

（2）在弹出的对话框中单击"选择 Project"按钮，选择需要上传的计划文件（图 8-2-20）。

图 8-2-20　选择 Project 文件导入

（3）文件上传成功，提示是否导出被修改的计划列表，根据需要选择。如果不需要，单击"取消"按钮即可；如果需要，单击"确定"按钮即可下载到本地（图 8-2-21）。

图 8-2-21　计划导入成功

在导入时系统会校验计划，若计划通过校验，则导入该计划，替换之前的计划，之前的计划成为该计划的历史版本，并可以导出该次计划的更新列表，查看所修改的计划；若校验未通过，则不能上传并会提示未通过的原因，且可以导出不符合项的列表。

学习情境相关知识点

1. 进度管理流程

进度管理流程如图 8-2-22 所示。

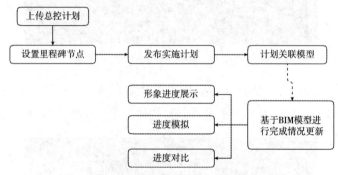

图 8-2-22　进度管理流程

2. 总控计划

通过总控计划、里程碑、实施计划(年度、月度、周)多维度实现项目计划管理。

学习活动 3　进度计划关联模型

学习领域编号－8－3	学习情境　进度计划关联模型		页码：1
姓名：	班级：		日期：

▶▶ 能力目标

1. 能够掌握进度计划关联模型、取消关联模型的功能运用。
2. 能够掌握进度计划查看模型、模型查看计划的功能运用。

▶▶ 任务书

1. 对某住宅项目导入的进度计划与模型关联。

2. 实施对某住宅项目根据实际进度计划查看模型、根据模型查看计划，并对进度模型的播放动画录制视频。

▶▶ 任务分组

填写学生任务分配表(表 8-3-1)。

表 8-3-1　学生任务分配表

班级			组号		指导教师	
组长			学号			
组员		姓名	学号	姓名	学号	备注

任务分工：_____

_____

_____

_____

▶▶ 工作准备（获取信息）

1. 阅读工作任务书，识读施工图纸，进行图纸会审。
2. 查看导入的进度计划。
3. 查看导入的模型。

>>> **工作实施**

1. 进度计划与模型关联及查看。
2. 进度模型的查看。
3. 进度模型的播放。

>>> **引导问题1**

简述如何将进度计划与模型关联？

>>> **引导问题2**

简述如何根据进度计划查看模型、还原模型。

【小提示】进度计划与模型关联及查看

(1)计划与模型关联。"在计划与模型"分页可以进行计划与模型关联操作，选中一条计划再选择一个或多个模型构件，然后单击"关联"按钮来实现计划与模型的关联；一条计划可关联多个构件，一个构件也可以关联多个计划；已经与模型关联的计划和没有与模型关联的计划可以通过计划中的状态属性来判断，绿色为已关联，橙色为未关联(图 8-3-1)。

图 8-3-1　计划与模型关联效果图

1)计划关联模型。

①选择模型构件、实施计划节点，单击"关联"按钮（图 8-3-2）。

图 8-3-2　计划关联模型

②关联成功（图 8-3-3）。

图 8-3-3　关联成功

2)取消关联。

①选择已关联的实施计划节点，单击"取消关联"按钮，再单击弹出对话框中的"确定"按钮（图 8-3-4）。

图 8-3-4　取消关联

②取消关联成功(图 8-3-5)。

图 8-3-5　取消关联成功

(2)计划查看模型。选择某条已经关联模型的计划，单击"计划查看模型"来查看和计划关联的模型(图 8-3-6)。

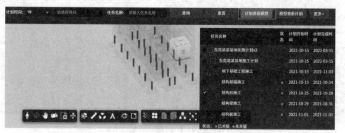

图 8-3-6　查看与计划关联的模型

(3)模型还原。单击"模型还原"，可以将模型还原到最开始的状态(图 8-3-7)。

图 8-3-7　还原模型

(4)已关联信息/未关联信息。单击"已关联信息"可以查看所有已经和计划关联的模型，单击"未关联信息"可以查看所有未关联计划的模型(图 8-3-8)。

图 8-3-8　查看与计划关联或未关联的模型

(5)模型附件信息。选中某个模型，单击"模型附件信息"可以查看该模型的所有附件信息，也可以上传附件，对附件进行下载和删除(图 8-3-9)。

图 8-3-9　模型附件信息

>>> 引导问题3

简述如何根据模型查看施工进度计划。

【小提示】进度模型的查看

选择某一个构件，单击"模型查看计划"来查看和模型关联的计划（图 8-3-10）。

图 8-3-10　查看与模型关联的计划

>>> 引导问题4

简述如何进行进度模型的播放。

【小提示】进度模型的播放

　　用户可在进度条上拖动修改时间点，系统以选择的时间为基准点，显示从项目开始到基准点计划任务的进度模型(原色展示)、从项目开始到基准点实际完成任务对应的进度模型(绿色展示)、从项目开始到基准点任务滞后部分的进度模型(红色展示)、基准点以后相关任务的进度模型(透明)。"播放"按钮可以实现选择时间段的模型的状态和进度(图 8-3-11)。

图 8-3-11　进度模型的播放

>>> 引导问题

　　简述如何进行进度模型的对比。

【小提示】模型对比

　　进度模型对比是计划模型和实际模型的对比，构件与计划关联选定时间段观察构件的颜色判断计划的完成程度，也可以通过播放功能自动播放选定时间段内的模型变化进行对比(图 8-3-12)。

图 8-3-12　进度模型的对比

》》学习情境相关知识点

1. 计划关联模型

进度计划关联模型构件，实现进度可视化和进度模拟功能。

2. 可视化进度

通过计划与项目 BIM 模型关联，实现项目模型集成进度信息，以及可视化的进度管控。基于计划进行可视化建造模拟，同时结合实际进度进行预警分析。

3. 进度对比

通过"计划进度模型"与"实际进度模型"动态对比，实现项目现场的进度可视化分析。

学习活动4 评价反馈

学习领域编号－8－4	学习情境　评价反馈	页码：1
姓名：	班级：	日期：

》》能力目标

1. 能够对编制施工进度计划和流水段的划分过程进行总结归纳。

2. 能够正确地总结计划关联模型的步骤。

3. 能够将"计划进度模型"与"实际进度模型"进行动态对比，实现项目现场的进度可视化分析。

4. 能够对完成的成果进行自检，发现操作过程中的问题并改正。

》》任务书

对总进度计划的编制、流水段的划分过程、计划关联模型、"计划进度模型"与"实际进度模型"进行动态的操纵过程自我总结，检测操作过程中出现的问题并修正。

各组代表展示作品，介绍任务的完成过程。作品展示前准备（准备阐述材料，填写阐述项目表），并完成表 8-4-1、表 8-4-2、表 8-4-3 的填写。

表 8-4-1　学生自评表

任务	完成情况记录
任务是否按计划时间完成	
相关理论完成情况	
技能训练情况	
任务完成情况	
任务创新情况	
材料上交情况	
收获	

表 8-4-2　学生互评表

序号	评价项目	小组互评	教师评价	总评
1	任务是否按时完成			
2	材料完成上交情况			
3	成果质量			
4	语言表达能力			
5	小组成员合作面貌			
6	创新点			

表 8-4-3　教师评价表

序号	评价项目	自我评价	互相评价	教师评价	综合评价
1	学习准备				
2	引导问题填写				
3	规范操作				
4	完成质量				
5	关键操作要领掌握				
6	完成速度				
7	参与讨论主动性				
8	沟通协作				
9	展示汇报				

注：评价档次统一采用 A(优秀)、B(良好)、C(合格)、D(努力)四个。

学习任务 9　　BIM5D 质量安全协同管理

　　BIM5D 平台采用两端一云的模式（包括 Web 端、手机端、云协同及云存储），利用 BIM 模型的数据集成能力，集成项目全过程质量、安全等信息，并发挥 BIM、信息化、云技术的优势，实现项目的可视化、模拟化、精细化、过程化、规范化和档案化管理，从而达到减少设计变更、提升工程质量、预防安全事故、打造项目数字资产的目的。

能力目标

　　1. 了解项目团队组成、各角色分工及其职责。

　　2. 了解某住宅项目工程概况。

　　3. 了解实训任务要求，明确质量和安全实训模块内容。

　　4. 掌握利用 BIM5D 平台，实现质量安全协同工作。

学习情境描述

　　某住宅建筑面积约为 272 m^2，框架结构，建筑基底面积为 125.4 m^2。地下 0 层，地上 3 层，建筑高度为 10.5 m。一层层高均为 3.9 m，二层层高为 3.3 m，出屋顶楼层层高为 3 m，屋面形式为坡屋顶。门窗装饰等，学员自定。在 BIM5D 平台质量安全管理模块中，学生由 6 人组成项目部小组，角色分工包括项目经理、项目总工、质安部经理、质量员、安全员、专业监理工程师、监理员。进行项目模拟。

教学流程与活动

　　1. 明确学习任务。

　　2. BIM5D 平台进行质量问题采集输入。

　　3. BIM5D 平台进行质量问题协同处理。

　　4. BIM5D 平台进行质量问题统计。

　　5. BIM5D 平台进行安全问题采集输入。

　　6. BIM5D 平台进行安全问题协同处理。

　　7. BIM5D 平台进行安全问题统计。

　　8. 评价反馈。

学习活动1 明确学习任务

学习领域编号－9－1	学习情境　明确学习任务		页码：1
姓名：	班级：		日期：

▶▶ 能力目标

1. 能够明确本项目的任务和要求。
2. 能够了解 BIM5D 质量安全协同管理的重要性。
3. 能够了解质量安全生产管理程序。
4. 能够清晰质量安全生产管理中角色分配及职责。
5. 能够熟悉建设工程施工及竣工验收标准。
6. 能够熟悉建筑信息模型有关标准。
7. 具备组织协调、合作完成工作任务的能力。
8. 具备利用网络资源自我学习的能力。

▶▶ 任务书

基于某住宅项目，完成项目团队组建，模拟实际案例中 BIM5D 协同质量安全管理的角色分配，明确质量安全管理中各岗位职责。

▶▶ 任务分组

填写学生任务分配表(表 9-1-1)。

表 9-1-1　学生任务分配表

班级		组号		指导教师	
组长		学号			
组员	姓名	学号	姓名	学号	备注

任务分工：_____

_____

▶▶ 工作准备（获取信息）

1. 阅读工作任务书，总结描述任务名称及要求。
2. 收集有关文件资料：《BIM 技术应用基础》《建设工程质量控制》《建筑安全技术与管理》《建筑信息模型应用统一标准》(GB/T 51212－2016)、《建筑信息模型分类和编码标准》(GB/T 51269－2017)、《建筑信息模型施工应用标准》(GB/T 51235－2017)等文件。

3. 通过网络在线课程资源，了解工程项目中质量安全协同管理的重要作用及职责分工。

》》 工作实施

完成项目团队组建，模拟实际案例中 BIM5D 协同质量安全管理的角色分配。

》》 引导问题

简述 BIM5D 质量、安全协同管理的重要性。

》》 学习情境相关知识点

质量安全协同管理是项目管理中的重中之重，施工现场质量和安全隐患的及时反馈和处理尤为重要。在 BIM5D 系统中，将三维模型与施工现场质量安全问题挂接，能够摆脱对常规经验的依赖，快速、全面、准确地预知项目存在的问题，将存在的质量或安全问题精准定位进行跟踪，并附有原因、处理办法及相关图片。在施工过程中各参建方可及时交换这些问题的处理意见，各方也可实时关注问题的状态，跟踪问题的进展，直至问题完全解决存档为止。图 9-1-1 所示为应用中心质量安全协同管理。

移动端数据采集 ➡ PC端定位管理 ➡ Web端分析监控

图 9-1-1　应用中心质量安全协同管理

学习活动2 质量问题采集输入

学习领域编号-9-2	学习情境 质量问题采集输入	页码：1
姓名：	班级：	日期：

能力目标

1. 能够掌握建筑工程质量验收规范内容；
2. 能够掌握项目各参与方质量管理的责任和权限；
3. 能够掌握质量问题处理流程；
4. 能够掌握混凝土、钢筋、模板质量验收的控制要点。
5. 能够了解BIM施工质量控制模型要求；
6. 能够熟悉基于BIM5D进行质量问题创建的功能运用。
7. 能够掌握项目各参与方运用BIM模型进行协同管理方法。

任务书

1. 基于某住宅项目，查阅《建筑工程施工质量验收统一标准》(GB 50300—2013)对施工重点部位验收要求。

2. 基于某住宅项目，在实训室结合项目特点和施工重点部位，质量员发现质量问题列出质量问题清单。

3. 基于某住宅项目，质量员利用BIM5D移动端+PC端创建质量问题，并上传质量问题报告项目经理。

任务分组

填写学生任务分配表(表9-2-1)。

表 9-2-1 学生任务分配表

班级		组号		指导教师	
组长		学号			
组员	姓名	学号	姓名	学号	备注

任务分工：_____

_____

_____

工作准备（获取信息）

1. 阅读工作任务书，识读施工图纸，进行图纸会审。

2. 收集《建筑工程施工质量验收统一标准》（GB 50300—2013）、《建设工程监理规范》（GB/T 50319—2013）中有关建筑工程施工质量验收的要求。

3. 结合任务书分析建筑工程施工中混凝土、钢筋、模板施工的难点和常见质量问题。

4. 阅读 BIM5D 平台质量管理模块操作指南。

工作实施

1. 混凝土结构工程质量问题采集。

2. BIM5D 平台混凝土结构工程质量问题建立。

引导问题1

常见的混凝土工程质量缺陷有＿＿＿＿＿＿、＿＿＿＿＿＿、＿＿＿＿＿＿、＿＿＿＿＿＿、＿＿＿＿＿＿、＿＿＿＿＿＿、＿＿＿＿＿＿、＿＿＿＿＿＿、＿＿＿＿＿＿、＿＿＿＿＿＿、＿＿＿＿＿＿、＿＿＿＿＿＿、＿＿＿＿＿＿、连接部位缺陷等。麻面是指混凝土表面呈现出无数绿豆般大小的不规则小凹点，直径通常不大于 5 mm。

引导问题2

＿＿＿＿＿＿是指混凝土表面无水泥浆，骨料间有空隙存在，形成数量或多或少的窟窿，大小如蜂窝，形状不规则，露出石子深度大于 5 mm，此深度不露主筋，可能露箍筋。

引导问题3

＿＿＿＿＿＿是指混凝土表面有超过保护层厚度，但不超出截面尺寸 1/3 缺陷，结构内存在着空隙，局部或部分没有混凝土。

填写质量问题采集单(表 9-2-2)。

表 9-2-2 质量问题采集单

<table>
<tr><td colspan="5" align="center">质量问题采集单</td></tr>
<tr><td>学习
场地</td><td colspan="4"></td></tr>
<tr><td>学习
情境</td><td colspan="4" align="center">现浇混凝土结构质量任务采集</td></tr>
<tr><td>学习
任务</td><td colspan="2" align="center">查找工程的质量缺陷(或质量问题)</td><td align="center">学时</td><td></td></tr>
<tr><td>典型
工作
过程
描述</td><td colspan="4"></td></tr>
<tr><td>序号</td><td colspan="2" align="center">检查工程部位(内容)</td><td align="center">检查标准、规范</td><td align="center">质量问题</td><td align="center">教师核查</td></tr>
</table>

序号	检查工程部位(内容)	检查标准、规范	质量问题	教师核查
1				
2				
3				
4				
5				
6				

检查评价	班级		组别	第 组	组长签字	
	教师 签字			日期		年 月 日
	评语：					

>>> **引导问题4**

BIM5D平台协同管理工程质量问题的流程是怎样的？

【小提示】质量管理

质量管理是基于模型数据的施工现场质量管理的重要工具，各关联方通过开展现场数据采集、质量问题跟踪管理、质量验评流程报验，对各关联方的质量管理行为进行监管。

质量管理是项目管理中的重要组成部分，现场的质量问题的采集和及时反馈、处理非常重要。施工过程中存在的质量问题数据采集难、共享难、协同整改难，以及质量例会效率低等现状，利用BIM5D管理平台工程项目管理中质量负责人通过BIM模型与现场质量问题跟踪挂接，可以便捷地采集现场质量问题，并实时快速地反馈至相关处理责任人。质量问题处理参与方可以及时交换意见，留存记录，并且各方可实时关注问题状态，跟踪问题进展。

项目部利用BIM5D应用移动端＋云端＋项目看板的方式，现场通过收集设备采集质量问题数据，上传至云端，系统对问题进行记录分析、整理，并与相关责任人数据共享；可在手机端（现场人员）和云看板（领导层）跟踪查看项目任意时间段的质量问题，了解项目状况。

>>> **引导问题5**

如何利用BIM5D移动端＋云端创建质量问题？

>>> **引导问题6**

如何进行日常质量检查并在BIM5D平台新增质量问题？

【小提示】质量问题检查

根据管监要求，管监不定期对施工现场的质量问题进行检查，用户在 BIM 协同管理平台 Web 端可进行新增、修改、删除、关联等操作。

(1)新增质量问题。在质量模型上新增现场施工的质量问题，具体操作如下：

1)进入质量模型模块，单击"新增"按钮(图 9-2-1)。

图 9-2-1　新增质量问题

2)在弹出的对话框中输入质量问题信息(图 9-2-2)。

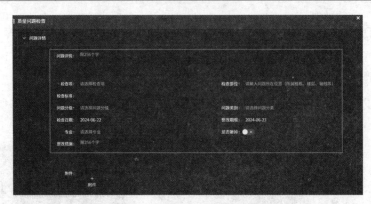

图 9-2-2　输入质量问题信息

3) 单击"附件"按钮，上传施工现场照片(图 9-2-3)。

图 9-2-3　上传施工现场照片

4) 单击 按钮，选择下一步审批人(图 9-2-4)。

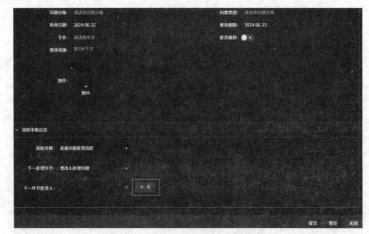

图 9-2-4　选择质量问题审批人

5)单击"提交"按钮将问题发送下一步处理人，单击"暂存"按钮将问题保存。暂存问题不会发送到下一步处理人，保存在质量问题列表(图9-2-5)。

图 9-2-5　发送质量问题

(2)新建问题详情(图9-2-6)：先单击选中模型中的某个构件，单击问题列表上方的"新增"按钮，跳出新建问题详情对话框，可录入信息并提交(图9-2-7)。

图 9-2-6　新建检查点详情

图 9-2-7　录入问题详情

（3）查看问题详情：可单击检查点列表中的"描述"字段，系统弹出问题详情（图 9-2-8）。

图 9-2-8　查看问题详情

（4）删除问题详情：可勾选并删除已经提交的问题详情信息（图 9-2-9）。

图 9-2-9　删除问题详情

（5）问题关联构件：可选择构件和问题进行关联（图 9-2-10）。

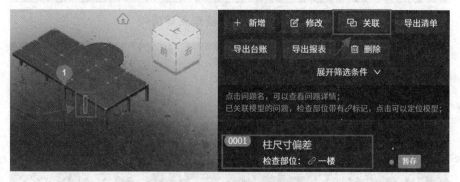

图 9-2-10　问题关联构件

（6）进展图：在问题详情窗口上方可显示该问题的进展情况（图9-2-11）。

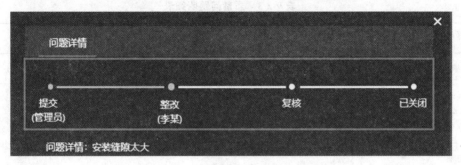

图 9-2-11　质量问题的进展情况

引导问题7

如何导出质量问题？

【小提示】质量问题导出

（1）勾选需要导出的质量问题，单击"导出"按钮（图9-2-12）。

图 9-2-12　质量问题导出

填写质量问题明细表(表 9-2-3)。

表 9-2-3　质量问题明细表

问题详情			
检查项			
检查标准			
检查部位		问题分级	
问题类别			
整改人		整改期限	
专业		是否返工	
楼层		问题状态	
创建人		创建时间	
巡查图片			

▶▶▶ 学习情境相关知识点

1. BIM5D 质量协同管理的重要作用

工程质量所涉及的 BIM 模型贯穿于项目的全过程，并随阶段深度要求的不同而逐步细化。现浇混凝土结构 BIM 施工质量协同管理在 BIM 管理协作平台上将模型与质量、安全、进度、成本因素进行关联，对项目进行施工动态管理，项目各参与方运用 BIM 模型进行协同管理，从而实现施工的动态管理，并能完成管理文件数据的分析及导出，最终实现基于 BIM 技术的竣工验收。

通过移动端对现场质量缺陷、质量问题分类（施工操作质量问题、施工材料质量问题、施工管理质量问题等）及进行数据采集，通过发现问题、记录问题、提交问题的闭环管理与 BIM 模型关联，将问题可视化，使管理者对问题的位置及详情准确掌控，同时，通过统计分析质量整改、质量复查等数据，用以展示当前项目质量状态与质量趋势，便于高层决策者做出合适的质量管理决策。本节主要介绍利用 BIM5D 管理平台对质量问题的协同管理。

2. BIM5D 协同管理质量问题采集输入

通过手机或 Pad 的 App 应用客户端的 BIM 移动应用，可在施工现场使用手机拍摄施工节点，将节点照片上传到项目模板系统，与 BIM 模型相关位置进行对应，在质量安全会议上解决问题非常方便，大大提高工作效率。同时，在施工过程中，通过移动端将现场缺陷通过拍照记录，一目了然；同时将缺陷直接定位于 BIM 模型上，不仅使管理者对缺陷的位置准确掌握，也便于管理者在办公室随时掌握现场的质量缺陷安全风险因素。

3. BIM5D 平台质量管理业务流程

（1）使用手机在现场采集问题信息（拍照、录像）并上传。

（2）问题责任人收到后在现场进行整改并录入整改信息。

（3）复检人对整改问题进行复检判定是否合格。如合格，则问题关闭；不合格，则返回继续整改。

（4）能够查看问题统计表信息。

4. BIM5D 平台质量管理

质量模型挂接质量问题，快速定位现场位置。问题可与模型构件关联，实现可视化的问题分析及进度预警。通过发现问题、录入问题、整改问题、验收问题实现质量问题的闭环管理。问题可与模型构件关联，实现可视化的问题分析及进度预警。

5. 工程质量控制程序

（1）单位工程质量控制程序（图 9-2-13）。

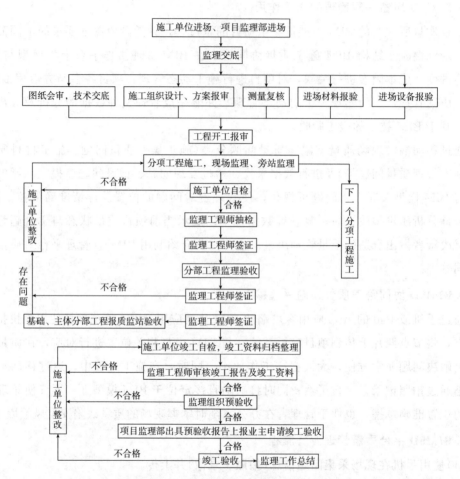

图 9-2-13　单位工程质量控制程序图

（2）隐蔽工程、分部分项工程质量控制程序（图9-2-14）。

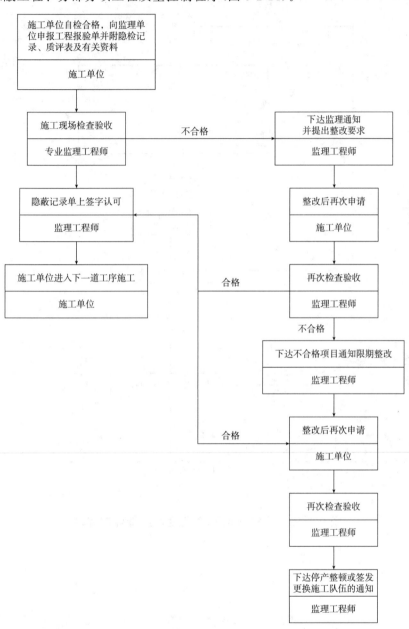

图 9-2-14　隐蔽工程、分部分项工程质量控制程序

(3)原材料构配件及设备质量控制程序(图 9-2-15)。

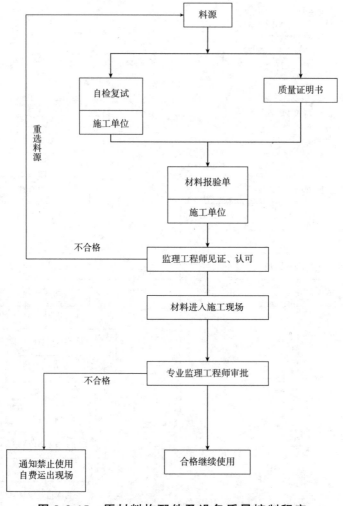

图 9-2-15　原材料构配件及设备质量控制程序

（4）主要分部（子分部）、分项工程的划分及质量控制点的设置（表9-2-4）。

表9-2-4　主要分部（子分部）、分项工程的划分及质量控制点的设置

分部工程	子分部工程	分项工程	质量控制点
地基与基础	桩基	先张法预应力管桩	成品桩质量、桩长、桩顶标高、桩位、接桩焊缝质量、承载力
		混凝土预制方桩	成品桩质量、桩长、桩顶标高、桩位、接桩焊缝质量、承载力
	有支护土方	土方开挖	标高、长度、宽度、边坡、基底土质
		土方回填	标高、分层压实系数、土的含水量
	地下防水	防水混凝土	防水混凝土材料、配合比、坍落度、抗压强度、抗渗压力、变形缝、施工缝、止水带、穿墙管道、埋设件等设置和构造
		涂料防水层	所用材料及配合比、转角处、变形缝、墙管道等细部做法
	混凝土基础	模板	接缝、杂物清理、稳固性、轴线尺寸
		钢筋	原材料质量、钢筋数量、连接方式、连接接头的检验、保护层厚度
		混凝土	水泥外加剂的质量、混凝土配合比、坍落度、强度等级、原材料计量、施工缝的处理、混凝土浇筑过程、混凝土的养护
	砌体结构	砖砌体	砖和砂浆的强度、砂浆饱满度、接槎、轴线位置、防潮层的位置及做法
主体结构	混凝土结构	模板	模板及其支架的承载能力、刚度和稳定性、模板及其支架的拆除顺序及安全措施
		钢筋	原材料质量、钢筋加工、钢筋连接、钢筋安装
		混凝土	原材料计量、施工缝处理、混凝土浇筑过程、混凝土的养护、水泥、外加剂的质量、混凝土配合比、坍落度、强度等级
		现浇结构	外观质量、缺陷的处理、尺寸偏差
	砌体结构	填充墙砌体	砖、砌块和砌筑砂浆的强度等级、拉结筋的设置、塞缝停歇时间
建筑屋面	刚性防水屋面	细石混凝土防水层	细石混凝土的原材料及配合比，细石混凝土的抗渗性、裂缝、起壳、起砂等缺陷的防治、防水层的厚度及钢筋位置、分格缝的位置和间距
		密封材料嵌缝	密封材料的质量、气泡、开裂、脱落等缺陷的防治、接缝宽度、基层的处理
		细部构造	排水坡度、天沟、檐沟、水落口、泛水、变形缝和伸出屋面管道的防水构造
	卷材防水屋面	保温层	保温材料的堆积密度或表观密度、导热系数及板材的强度、吸水率
		找平层	材料质量及配合比、排水坡度
		卷材防水层	所用卷材及其配套材料、与基层的黏结、铺贴方向、卷材搭接宽度、细部构造

续表

分部工程	子分部工程	分项工程	质量控制点
建筑装饰装修	地面	水泥混凝土、水泥砂浆面层	采用的骨料粒径、面层的配合比及强度等级、与下一层的黏结、空鼓、裂缝等缺陷的防治
		板块面层	面层所用的板块的品种、质量、与下一层的黏结、成品保护
	抹灰	一般抹灰	抹灰前基层的处理、洒水湿润、所用材料的品种和性能、分层抹灰、与基层的黏结、空鼓、裂缝、爆灰等缺陷的防治
	门窗	钢门窗安装	门窗的品种、类型、规格、尺寸、性能、开启方向、安装位置、连接方式、型材壁厚、防腐处理、填嵌、密封处理、安装的牢固性、防脱落装置、使用功能
给水排水工程	室内给水系统	给水管道及配件安装、室内消火栓系统安装、给水设备安装、管道、防腐、绝热	水压试验、通水试验、管道冲洗和消毒、防腐、消火栓试射
	室内排水系统	排水管道及配件安装、雨水管道及配件安装	灌水试验、坡度、伸缩节、通球试验
	卫生器具安装	卫生器具安装、卫生器具给水配件安装、卫生器具排水管道安装	满水和通水试验、接口严密、防渗、防漏
	室外给水管网	给水管道安装、消防水泵接合器及室外消火栓安装	埋深、水压试验、防腐、冲洗、消毒、操作方便
	室外排水管网	排水管道安装	坡度、灌水试验、通水试验
建筑电气	电气动力	动力、照明配电箱	接地可靠、配线齐、无绞接、绝缘电阻值、开关动作灵活
	电气照明安装	电线、电缆和线槽敷设、导线连接和线路电气试验、普通灯具安装、插座、开关、安装、建筑照明通电试运行	穿管、接头、型号、规格、绝缘电阻、接地或接零可靠、通电运行检查
	防雷及接地安装	接地装置安装、避雷引下线和接地干线敷设、建筑等电位连接、接闪器安装	接地电阻值、接地深埋、焊接、连接方式
建筑节能	墙体、屋面	主体结构基层保温材料饰面层	保温材料品种、性能，保温砂浆厚度，构造层之间粘结
	门窗	型材	三性性能、节能指标、中空玻璃厚度

（5）施工过程质量检测试验（表9-2-5）。

表 9-2-5　施工过程质量检测试验项目、主要检测试验参数和取样依据

序号	类别	检测试验项目	主要检测试验参数	取样依据	备注
1	土方回填	土工击实	最大干密度	《土工试验方法标准》(GB/T 50123—2019)	
			最优含水率		
		压实强度	压实系数	《建筑地基基础设计规范》(GB 50007—2011)	
2	地基与基础	换填地基	压实系数或承载力	《建筑地基处理技术规范》(JGJ 79—2012)；《建筑地基基础工程施工质量验收标准》(GB 50202—2018)	
		加固地基、复合地基	承载力		
		桩基	承载力	《建筑基桩检测技术规范》(JGJ 106—2014)	
			桩身完整性		
3	基坑支护	土钉墙	土钉抗拔力	《建筑基坑支护技术规程》(JGJ 120—2012)	
		水泥土墙	墙身完整性		
			墙体强度		设计有要求时
		锚杆、锚索	锁定力		
4	结构工程	钢筋连接 机械连接工艺检验 机构连接现场检验	抗拉强度	《钢筋焊接及验收规程》(JGJ 18—2012)	
		钢筋焊接工艺检验	抗拉强度		
			弯曲		适用于闪光对焊、气压焊接头
		闪光对焊	抗拉强度		
			弯曲		
		气压焊	抗拉强度		适用于水平连接筋
			弯曲		
		电弧焊、电渣压力焊、预埋件钢筋T形接头	抗拉强度		
		混凝土 网片焊接	抗剪力		热轧带肋钢筋
			抗拉强度		
			抗剪力		冷轧带肋钢筋
		混凝土配合比设计	工作性	《普通混凝土配合比设计规程》(JGJ 55—2011)	指工作度、坍落度和坍落扩展度等
			强度等级		
		混凝土性能	标准养护试件强度	《混凝土结构工程施工质量验收规范》(GB 50204—2015)；《混凝土外加剂应用技术规范》(GB 50119—2013)；《建筑工程冬期施工规程》(JGJ/T 104—2011)	同条件养护28 d转标准养护28 d，试件强度和受冻临界强度试件按冬期施工相关要求增设，其他同条件试件根据施工需要留置
			同条件试件强度（受冻临界、拆模、张拉、放张和临时负荷等）		
			同条件养护28 d转标准养护28 d试件强度		
			抗渗性能	《地下防水工程质量验收规范》(GB 50208—2011)；《混凝土结构工程施工质量验收规范》(GB 50204—2015)	有抗渗要求时

续表

4	结构工程	砌筑砂浆	砂浆配合比设计	强度等级	《砌筑砂浆配合比设计规程》(JGJ/T 98—2010)	
				稠度		
			砂浆力学性能	标准养护试件强度	《砌体结构工程施工质量验收规范》(GB 50203—2011)	
				同条件养护试件强度		冬期施工时增设
		钢结构	网架结构焊接球节点、螺栓球节点	承载力	《钢结构工程施工质量验收标准》(GB 50205—2020)	安全等级一级、L≥40 m且设计有要求时
			焊缝质量	焊缝探伤		
		后锚固(植筋、锚栓)		抗拔承载力	《混凝土结构后锚固技术规程》(JGJ 145—2013)	
5	装饰装修	饰面砖粘贴		粘结强度	《建筑工程饰面砖粘结强度检验标准》(JGJ 110—2017)	

（6）工程实体质量与使用功能检测项目、主要检测参数和取样依据（表9-2-6）。

表 9-2-6 工程实体质量与使用功能检测项目主要检测参数和取样依据

序号	类别	检测项目	主要检测参数	取样依据
1	实体质量	混凝土结构	钢筋保护层厚度	《混凝土结构工程施工质量验收规范》(GB 50204—2015)
			结构实体检验用同条件养护试件强度	
		围护结构	外窗气密性能(适用于严寒、寒冷、夏热冬冷地区)	《建筑节能工程施工质量验收标准》(GB 50411—2019)
			外墙节能构造	
2	使用功能	室内环境	氡	《民用建筑工程室内环境污染控制标准》(GB 50325—2020)
			甲醛	
			苯	
			氨	
			TVOC	
		系统节能性能	室内温度	《建筑节能工程施工质量验收标准》(GB 50411—2019)
			供热系统室外管网的水力平衡度	
			供热系统的补水率	
			室外管网的热输送效率	
			各风口的风量	
			通风与空调系统的总风量	
			空调机组的水流量	
			空调系统冷热水、冷却水总流量	
			平均照度与照明功率密度	

学习活动 3　质量问题协同处理

学习领域编号—9—3	学习情境　质量问题协同处理		页码：1
姓名：	班级：		日期：

》》 能力目标

1. 能够熟悉《建筑工程施工质量验收规范》(GB 50300—2013)相关内容。

2. 能够掌握各类质量问题的整改处理方法。

3. 能够掌握常见质量问题基本处理程序及步骤。

4. 能够在 BIM5D 平台上对各类质量问题进行正确的协同处理。

》》 任务书

1. 针对已经拟订处理方案的钢筋及模板工程的质量问题，填写好各种表格。

2. 在 BIM5D 平台上完成发现的质量问题协同管理流程。

》》 任务分组

填写学生任务分配表(表 9-3-1)。

表 9-3-1　学生任务分配表

班级		组号		指导教师	
组长		学号			
组员	姓名	学号	姓名	学号	备注

任务分工：_____

_____

_____

_____

_____

_____

学习领域编号－9－3		学习情境　质量问题协同处理	页码：2
姓名：	班级：		日期：

>> **工作准备（获取信息）**

1. 完成线上的课前小测。
2. 观看课程中质量协同处理操作视频、常见质量问题基本处理程序及步骤的视频。
3. 查阅 BIM5D 平台质量管理模块操作指南。

>> **工作实施**

1. 分析工程中不同质量问题的处理程序。
2. BIM5D 平台上完成质量协同管理流程。
3. 在 App 上对质量问题进行协同整改处理。

>> **引导问题1**

工程中质量缺陷的处理程序是怎样的？

【小提示】工程质量缺陷的处理

(1)发生质量缺陷后，项目监理机构签发监理通知单，责成施工单位进行处理。

(2)施工单位分析质量缺陷产生的原因，提出经设计等单位认可的处理方案。

(3)项目监理机构审查施工单位报送的质量缺陷处理方案，签署意见。

(4)施工单位按审查合格的处理方案实施处理，项目监理机构对处理过程进行跟踪检查，对处理结果进行验收。

(5)质量缺陷处理完毕后，项目监理机构根据施工单位报送的监理通知回复单对质量缺陷处理情况进行复查，提出复查意见。

(6)处理记录整理归档。

>>> 引导问题2

如何在BIM5D平台上完成质量协同管理流程？

【小提示】在BIM5D平台上完成质量协同管理流程步骤

App端质量模块数据同步Web端，可使用App处理质量问题，在App协同处理质量问题步骤如下：

(1)进入质量管理模块，查看质量模型，如图9-3-1所示。

(2)单击列表按钮，切换到列表模式，如图9-3-2所示。

(3)查看检查点详情：可单击列表中的问题标签查看问题详情，如图9-3-3、图9-3-4所示。

(4)新增质量问题：可点选模型中的构件并单击"新增"按钮或列表模式中的"新增"按钮创建检查点详情，如图9-3-5、图9-3-6所示。

(5)二维码扫描：扫描现场二维码查看检查点挂接构件及检查点详情，如图9-3-7所示。

图 9-3-1　查看质量模型

图 9-3-2　切换到列表模式

图 9-3-3　查看问题详情

图 9-3-4　质量问题详情	图 9-3-5　点选模型构件 创建检查点详情	图 9-3-6　新增质量问题

（6）选择模型：选择不同专业、楼层的质量模型进行浏览，如图 9-3-8 所示。

图 9-3-7　扫描现场二维码 查看检查点挂接构件 及检查点详情	图 9-3-8　选择模型浏览

（7）列表形式查看详情：可以在质量模块中以列表形式查看详情，如图 9-3-9 所示。

（8）查看质量问题详情：单击列表中的质量问题查看问题详情，如图 9-3-10 所示。

（9）新建质量检查详情：单击列表底的"新增"按钮，新增质量问题，如图 9-3-11 所示。

（10）查看质量问题整改详情：单击质量问题查看问题详情中的整改记录，如图 9-3-12、图 9-3-13 所示。

图 9-3-9　列表形式查看详情	图 9-3-10　问题详情	图 9-3-11　新建质量检查详情

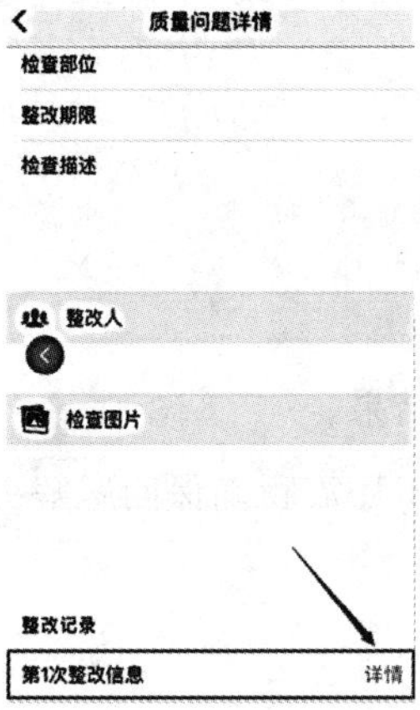

图 9-3-12　查看整改信息 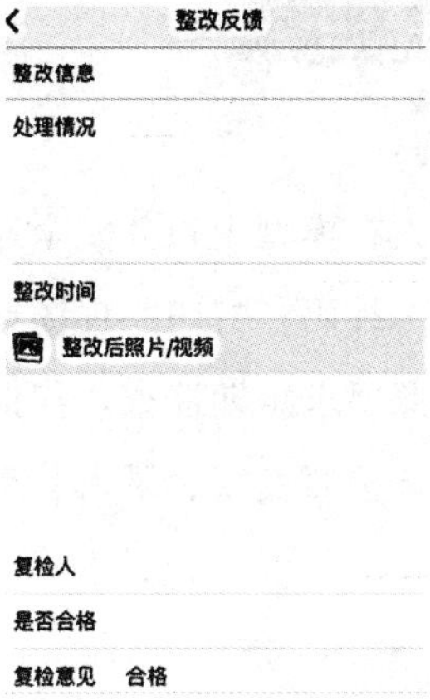　　　图 9-3-13　整改反馈

引导问题3

在 App 质量问题进行协同整改处理，并填写质量问题整改表（表 9-3-2）。

表 9-3-2　质量问题整改表

问题部位			
问题详情			
整改措施			
整改处理情况		复验情况	
复验人		复验时间	
创建人		创建时间	

》》学习情境相关知识点

质量管理流程：

(1)按照责任人在模型内划分安全巡查区域。

(2)生成巡查二维码，打印并现场粘贴。

(3)责任人按照要求定期巡查，扫描填报巡查结果。

(4)发现问题，按照发现、录入、整改、验收闭环流程确保问题解决。

学习活动4　质量问题统计

学习领域编号－9－4	学习情境　质量问题统计		页码：1
姓名：	班级：		日期：

>>> **能力目标**

1. 能够熟悉《建筑工程施工质量验收规范》(GB 50300—2013)相关内容。

2. 能够掌握验收表格填写方法及要求。

3. 能够掌握 BIM5D 质量问题统计方法。

>>> **任务书**

针对已经整改完毕的混凝土工程(或其他分部工程)的质量问题，在 BIM5D 平台上进行工程质量问题的统计。

>>> **任务分组**

填写学生任务分配表(表 9-4-1)。

表 9-4-1　学生任务分配表

班级		组号		指导教师	
组长		学号			
	姓名	学号	姓名	学号	备注
组员					

任务分工：_____

_____

_____

_____

_____

_____

▶▶ 工作准备（获取信息）

1. 熟悉《建筑工程施工质量验收规范》(GB 50300—2013)、《建设工程监理规范》(GB/T 50319—2013)中有关建筑工程施工质量验收的要求。

2. 进入网络课程，按照预习任务单进行学习。

▶▶ 工作实施

通过质量模型查看问题详情。对质量问题分别进行分级统计、整改人分析统计、发起人统计、整改人统计、问题分项统计、责任单位统计。

质量模型具体是指模型构件挂接质量问题详细位置信息的模型，主要包含以下两个部分：

(1)问题和模型挂接。可以将问题和模型中的构件进行匹配关联。

(2)查看问题详情。可以通过单击问题点查看问题详情。

▶▶ 引导问题

如何在查看质量模型后进行质量问题的统计？

【小提示】质量问题统计

可通过图表形式一目了然地查看全部问题，分别是按照问题分级统计、整改人分析统计、发起人统计、整改人统计、问题分项统计、责任单位统计。

(1)问题分级统计：按照一般质量问题、重大质量问题统计，快速查看最近一周的问题整体情况，或通过时间去筛选某一时间段的统计(图 9-4-1)。

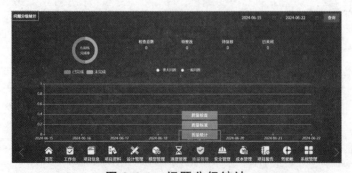

图 9-4-1　问题分级统计

(2)整改人分析统计：按照逾期未完成、逾期完成、多次整改完成、正常整改完成进行统计，用户可通过输入姓名进行查询(图 9-4-2)。

图 9-4-2　整改人分析统计

（3）发起人统计：对问题发起人进行统计，同时可以通过输入相应的人名进行搜索（图 9-4-3）。

图 9-4-3　发起人统计

（4）整改人统计：按照整改总数、正常整改完成、逾期完成整改、逾期未完成整改、待整改进行统计，用户可通过输入姓名进行查询（图 9-4-4）。

图 9-4-4　整改人统计

（5）问题分项统计：按照问题分项进行统计分析，可在搜索框中选择相应的分项进行筛选（图 9-4-5）。

图 9-4-5　问题分项统计

215

（6）发起单位统计：按照相应的单位进行统计分析，同时可以通过筛选相应的发起单位进行统计分析(图 9-4-6)。

图 9-4-6　责任单位统计

>>> **学习情境相关知识点**

　　质量问题统计有问题分级统计、整改人统计、问题分项统计、发起单位统计。根据现场质量检查情况，在 BIM5D 平台中统计质量问题类型、原因及分布区域，有利于质量管理人员发现、纠正施工中存在的不合理施工现场。

学习活动 5 评价反馈(1)

学习领域编号－9－5		学习情境 评价反馈(1)	页码：1
姓名：	班级：		日期：

►► 能力目标

1. 小组成员能够总结掌握质量问题采集输入、质量问题协同处理、质量问题统计的重要步骤。

2. 能够进行自检，发现学习过程中的问题并及时改正。

►► 任务书

对小组完成的成果进行修正总结。各组代表展示作品，介绍任务的完成过程。作品展示前准备(准备阐述材料)，并完成下列学生自评表(表 9-5-1)、学生互评表(表 9-5-2)、教师评价表(表 9-5-3)。

表 9-5-1 学生自评表

任务	完成情况记录
任务是否按计划时间完成	
相关理论完成情况	
技能训练情况	
任务完成情况	
任务创新情况	
材料上交情况	
收获	

表 9-5-2 学生互评表

序号	评价项目	小组互评	教师评价	总评
1	任务是否按时完成			
2	材料完成上交情况			
3	成果质量			
4	语言表达能力			
5	小组成员合作面貌			
6	创新点			

表 9-5-3 教师评价表

序号	评价项目	自我评价	互相评价	教师评价	综合评价
1	学习准备				
2	引导问题填写				
3	规范操作				
4	完成质量				
5	关键操作要领掌握				
6	完成速度				
7	参与讨论主动性				
8	沟通协作				
9	展示汇报				

注：评价档次统一采用 A(优秀)、B(良好)、C(合格)、D(努力)四个。

学习活动6　安全问题采集输入

学习领域编号－9－6	学习情境　安全问题采集输入	页码：1
姓名：	班级：	日期：

能力目标

1. 能够掌握《建设工程安全生产管理条例》内容。
2. 能够掌握项目各参与方安全生产管理的责任和权限。
3. 能够掌握安全问题处理流程。
4. 能够熟悉基于BIM5D进行安全问题创建的功能运用。
5. 能够掌握项目各参与方运用BIM模型进行安全协同管理方法。

任务书

1. 基于某住宅项目，在实训室结合项目特点和施工重点部位，模拟安全员发现安全问题列出安全问题清单。

2. 基于某住宅项目，模拟安全员利用BIM5D移动端＋PC端创建安全问题，并上传安全问题报告项目经理。

任务分组

填写学生任务分配表(表9-6-1)。

表 9-6-1　学生任务分配表

班级		组号		指导教师	
组长		学号			
组员	姓名	学号	姓名	学号	备注

任务分工：_____

_____

_____

_____

_____

_____

_____

▶▶ 工作准备（获取信息）

1. 阅读工作任务书，识读施工图纸。

2. 收集并熟悉《中华人民共和国安全生产法》《建设工程安全生产管理条例》《建设工程监理规范》(GB/T 50319—2013)、《建筑施工安全检查标准》(JGJ 59—2011)中有关建筑工程安全生产的要求。

3. 阅读 BIM5D 平台安全管理模块操作指南。

▶▶ 工作实施

对工程安全问题进行采集。

▶▶ 引导问题1

检查施工现场临边、洞口安全防护是否存在不到位情况。

▶▶ 引导问题2

检查施工现场临时用电是否符合要求。

》》》 引导问题₃

检查施工现场脚手架搭设是否存在不符合规范要求的情况。

》》》 引导问题₄

检查施工现场模板支撑架搭设是否符合规范要求。

》》》 引导问题₅

采用 BIM5D 平台如何进行施工现场的安全协同管理？

【小提示】安全协同管理

BIM5D 安全协同管理通过对重点区域和重要设备预先设置安全检查点，利用二维码技术辅助安全巡查，现场发现安全问题，可以当场记录并上传平台，同时通知相关责任人及领导；通过平台还可以对安全问题进行全程跟踪及统计，支持安全管理落地。

通过 BIM5D 安全协同管理实时追踪施工现场的不安全环境因素、实时追踪现场作业人员的不安全作业行为、预测存在的不安全因素、现场不安全信息的及时流转、安全隐患的实时预警、实现对施工现场的人员及风险隐患管理，具备 PC 端及移动端可以实时查看调用安全管理系统数据，并对现场巡检过程遇到的问题发起整改流程，实现安全管理信息的实时监控及管理。

>>> **引导问题6**

　　BIM5D 协同管理平台如何进行安全问题的采集输入？

　　【小提示】BIM5D 协同管理安全问题采集输入

　　通过手机或 Pad 的 App 应用客户端的 BIM 移动应用，可在施工现场使用手机拍摄施工节点，将节点照片上传到项目模板系统，与 BIM 模型相关位置进行对应，在安全生产会议上解决问题非常方便，大大提高工作效率。在施工过程中，通过移动端将现场安全问题通过拍照记录，一目了然；同时将问题直接定位于 BIM 模型上，不仅使管理者对问题的位置准确掌握，也便于管理者在办公室随时掌握现场的安全风险因素。

>>> **引导问题7**

　　日常安全文明巡查如何利用 BIM5D 移动端＋云端创建安全问题？

　　(1)如何在 BIM5D 平台新增问题？

　　(2)如何在 BIM5D 平台删除工程部巡查问题详情？

填写施工现场完全问题采集单（表 9-6-2）。

表 9-6-2 施工现场安全问题采集单

安全问题采集单					
学习场地					
学习情境	建筑工程施工现场安全问题采集输入				
学习任务	检查建筑工程施工现场的安全问题			学时	2 学时
典型工作过程描述					
序号	检查工程部位(内容)		检查标准、规范	安全问题	教师核查
1					
2					
3					
4					
5					
6					
检查评价	班级		组别 第 组	组长签字	
	教师签字		日期	年 月 日	
	评语：				

【小提示】日常安全文明巡查

　　工程部对施工现场的安全问题进行巡查。工程部接收其他部门的问题并查看指派给施工单位进行整改。利用 BIM 协同管理平台完成数据采集、存储和管理。用户可在协同平台 Web 端完成筛选问题、查看问题详情、新建问题、预览/打印整改单、问题指派等操作。

　　利用 BIM5D 移动端＋云端创建安全问题。

　　(1)新增问题 。单击问题列表上方的"新增"按钮(图 9-6-1)，跳出新建问题详情对话框，可录入信息并提交(图 9-6-2)。

图 9-6-1　新增问题

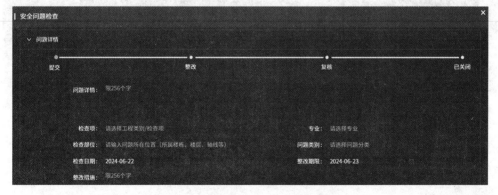

图 9-6-2　录入安全问题信息

（2）删除工程部巡查问题详情：可勾选并删除工程部已经创建并提交的问题详情信息（图 9-6-3）。

图 9-6-3　删除工程部巡查问题详情

1）图片预览：可单击问题列表中的缩略图查看图片（图 9-6-4）。

图 9-6-4　查看安全问题图片

2）进展图：在问题详情窗口上方可显示该问题的进展情况（图 9-6-5、图 9-6-6）。

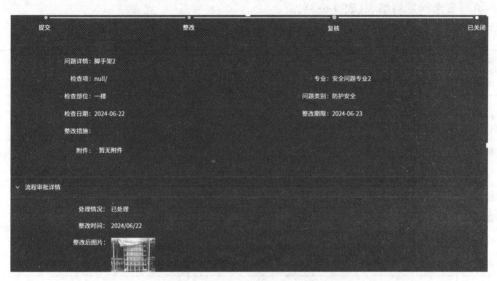

图 9-6-5　安全问题处理进展情况

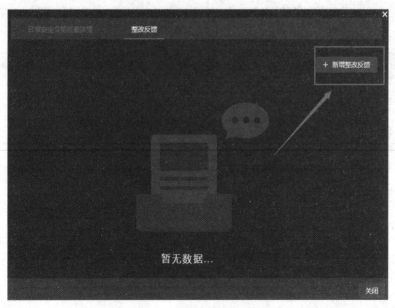

图 9-6-6　查看安全问题图片

填写安全问题明细表（表9-6-3）。

表 9-6-3　安全问题明细表

问题详情			
检查项			
检查标准			
检查部位		问题分级	
问题类别			
整改人		整改期限	
专业		是否返工	
楼层		问题状态	
创建人		创建时间	
巡查图片			

>>> **学习情境相关知识点**

1. 安全管理流程

(1)按照责任人在模型内划分安全巡查区域。

(2)生成巡查二维码，打印并现场粘贴。

(3)责任人按照要求定期巡查，扫描填报巡查结果。

(4)发现问题，按照发现、录入、整改、验收闭环流程确保问题解决。

2. 巡查二维码管理

(1)用户在模型上对构件生成构件二维码。

(2)选择巡查责任人、问题类型。

(3)施工人员按照巡检路线，扫码进行巡检。

3. 安全巡查

(1)使用手机 App 中的安全巡查功能。

(2)扫描施工现场安全二维码。

(3)进行拍照发起安全巡查问题。

学习领域编号－9－7	学习情境　安全问题协同处理		页码：1
姓名：	班级：		日期：

能力目标

1. 掌握《建设工程安全生产管理条例》内容。

2. 掌握各类安全问题的整改处理方法。

3. 掌握常见安全问题基本处理程序及步骤。

4. 能够在 BIM5D 平台上对各类安全问题进行正确的协同处理。

任务书

1. 在 BIM5D 平台上完成安全协同管理流程：新增安全问题。

2. 在 BIM5D 平台上完成安全协同管理流程：安全二维码管理－新增安全二维码。

3. 在 BIM5D 平台上完成安全协同管理流程：安全二维码管理－查看新增安全二维码。

4. 在 BIM5D 平台上完成安全协同管理流程：安全二维码管理－导出新增安全二维码。

5. 在 BIM5D 平台上完成安全协同管理流程：完成安全巡检记录。

6. 在 BIM5D 平台上完成安全协同管理流程：进行安全问题统计分析。

任务分组

填写学生任务分配表(表 9-7-1)。

表 9-7-1　学生任务分配表

班级		组号		指导教师	
组长		学号			
组员	姓名	学号	姓名	学号	备注

任务分工：_____

_____

_____

▶▶ 工作准备（获取信息）

1. 阅读工作任务书，识读施工图纸。

2. 收集《中华人民共和国安全生产法》《建设工程安全生产管理条例》《建设工程监理规范》(GB/T 50319—2013)中有关建筑工程安全生产的要求。

3. 阅读 BIM5D 平台安全管理模块操作指南。

▶▶ 工作实施

1. 在 BIM5D 平台上完成新增安全问题。

2. 在 BIM5D 平台上完成新增安全二维码。

3. 在 BIM5D 平台上完成查看新增安全二维码。

4. 在 BIM5D 平台上完成导出新增安全二维码。

5. 在 BIM5D 平台上完成安全巡检记录。

6. 在 BIM5D 平台上完成安全问题统计分析。

▶▶ 引导问题1

简述如何在 BIM5D 平台上新增安全问题。

▶▶ 引导问题2

简述如何在 BIM5D 平台上完成新增安全二维码。

》》引导问题₃

简述如何在 BIM5D 平台上完成查看新增安全二维码。

》》引导问题₄

简述如何在 BIM5D 平台上完成导出新增安全二维码。

》》引导问题₅

简述如何在 BIM5D 平台上完成安全巡检记录。

>>> 引导问题6

简述如何在 BIM5D 平台上完成安全问题统计分析。

【小提示】新增安全问题

(1)单击"安全管理"进入安全模型模块，单击"新增"按钮(图 9-7-1)。

图 9-7-1　新增安全问题

(2)在弹出的对话框中输入安全问题信息(图 9-7-2)。

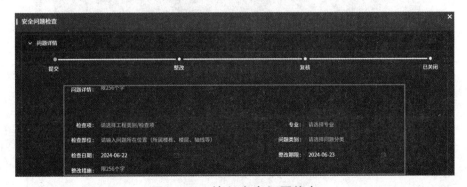

图 9-7-2　输入安全问题信息

（3）单击"附件"按钮，上传施工现场照片（图9-7-3）。

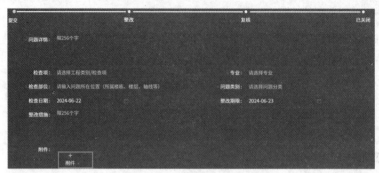

图 9-7-3　上传巡检照片

（4）单击　　按钮，选择下一步审批人（图 9-7-4）。

图 9-7-4　添加审批人

（5）单击"提交"按钮将问题发送下一步处理人，单击"暂存"按钮将问题保存。暂存问题不会发送到下一步处理人，保存在安全问题列表（图9-7-5）。

图 9-7-5　提交安全问题

【小提示】

1. 安全二维码管理

可以在安全模型上新增安全二维码，将二维码贴在施工现场方便施工现场人员使用App进行安全巡查。

（1）安全巡检。

1）单击"安全管理"进入安全模型界面，选择"安全巡检"，再单击"新增"按钮（图9-7-6）。

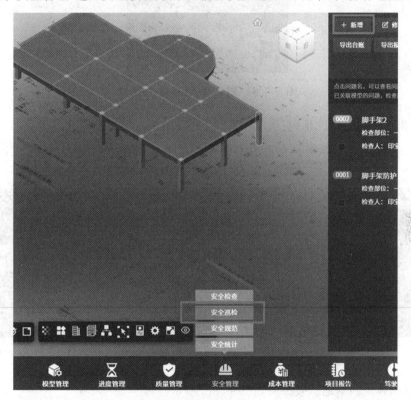

图 9-7-6　安全巡检

2）新增巡检点（图9-7-7）。

图 9-7-7　新增巡检点

3)输入新增安全巡检点信息(图 9-7-8)。

图 9-7-8　输入新增巡检点信息

(2)导出巡检点安全二维码。

1)进入巡检点管理界面,在选中的安全巡检点前打勾,再单击"导出二维码"按钮(图 9-7-9)。

图 9-7-9　导出安全问题二维码

2)二维码导出到本地。效果图如图 9-7-10 所示。

图 9-7-10　安全问题二维码效果图

234

（3）安全巡查记录。安全巡查记录模块保存的是使用APP扫描安全二维码的巡查记录，记录包含二维码名称、扫描位置、扫描人、扫描时间、状态。

2. 安全问题统计

（1）问题分级统计：可快速查看最近一周的问题整体情况，也可通过时间去筛选某一时间段的统计（图 9-7-11）。

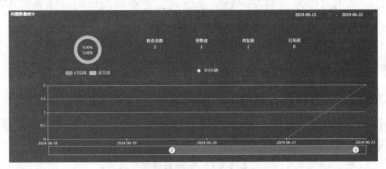

图 9-7-11 安全问题分级统计

（2）问题分项统计：按照问题分项进行统计分析。可在搜索框中选择相应的分项进行筛选（图 9-7-12）。

图 9-7-12 安全问题分项统计

▶▶▶ **学习情境相关知识点**

质量安全问题处理流程如图 9-7-13 所示。

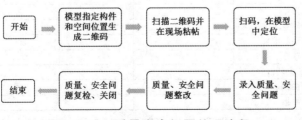

图 9-7-13 质量安全问题处理流程

学习活动8　评价反馈(2)

学习领域编号－9－8	学习情境　评价反馈(2)	页码：1
姓名：	班级：	日期：

▶▶ 能力目标

1. 小组成员能够总结掌握安全问题采集输入、安全问题协同处理重要步骤。
2. 能够进行自检，发现学习过程中的问题并及时改正。

▶▶ 任务书

对小组完成的成果进行修正总结。各组代表展示作品，介绍任务的完成过程。作品展示前准备(准备阐述材料)，并完成下列学生自评表(表9-8-1)、学生互评表(表9-8-2)、教师评价表(表9-8-3)。

表 9-8-1　学生自评表

任务	完成情况记录
任务是否按计划时间完成	
相关理论完成情况	
技能训练情况	
任务完成情况	
任务创新情况	
材料上交情况	
收获	

表 9-8-2　学生互评表

序号	评价项目	小组互评	教师评价	总评
1	任务是否按时完成			
2	材料完成上交情况			
3	成果质量			
4	语言表达能力			
5	小组成员合作面貌			
6	创新点			

表 9-8-3　教师评价表

序号	评价项目	自我评价	互相评价	教师评价	综合评价
1	学习准备				
2	引导问题填写				
3	规范操作				
4	完成质量				
5	关键操作要领掌握				
6	完成速度				
7	参与讨论主动性				
8	沟通协作				
9	展示汇报				

注：评价档次统一采用 A(优秀)、B(良好)、C(合格)、D(努力)四个。

学习任务 10　　BIM5D 成本管理

BIM5D 平台通过成本数据集成，利用构件及成本数据分类查询统计功能，对工程项目中因图纸变更、现场签证、人材价差调整等情况所带来的工程量变更和价格波动数据进行实时录入，并结合进度管理、进度产值、合同管理、支付管理等功能，使管理者掌握成本数据变化轨迹和资金利用情况，实现对工程项目全生命周期的成本动态管控。

能力目标

1. 能够掌握合同管理中合同清单数据、甲供材数据等导入的方法。

2. 能够掌握清单、模型、价格等数据集成的方法，能分配同专业不同合同工程量。

3. 能够掌握变更管理中导入设计变更及工程签证工程量清单的方法，并关联设计、签证变更单。

4. 能够掌握在支付管理中导入进度款、结算数据，将 BIM 数据与传统数据对比，并依据完工量、综合合同、签证、甲供材、变更等数据信息计算进度款及后续结算金额。

学习情境描述

某住宅建筑面积约为 272 m²，框架结构，建筑基底面积为 125.4 m²。地下 0 层，地上 3 层，建筑高度为 10.5 m。一层层高均为 3.9 m，二层层高为 3.3 m，出屋顶楼层层高为 3 m，屋面形式为坡屋顶。门窗装饰等，学员自定。

教学流程与活动

1. 将土建装修专业清单数据、材料数据导入到 BIM5D 成本管理模块，上传算量成果，并将算量成果组合，查看算量成果。

2. 将土建专业清单关联模型、清单关联进度，并进行算量成果对比。

3. 导入设计变更及工程签证工程量清单，并关联设计、变更签证单。

4. 导入进度款、结算数据，将 BIM 数据与传统数据对比，依据完工量、综合合同、签证、材料、变更等数据信息计算进度款及后续结算金额。

学习活动 1　明确学习任务

学习领域编号—10—1	学习情境　明确学习任务	页码：1
姓名：	班级：	日期：

》》能力目标

1. 能够明确本项目的任务和要求。
2. 能够熟悉 BIM5D 动态成本管理总体流程。
3. 能够了解动态成本管理涉及的材料文件类型。
4. 能够了解 BIM5D 动态成本管理的作用。
5. 具备组织协调、合作完成工作任务的能力。
6. 具备利用网络资源自我学习的能力。

》》任务书

基于某住宅项目，根据网络课程熟悉 BIM5D 动态成本管理总体流程，收集动态成本管理涉及的材料文件。

》》任务分组

填写学生任务分配表（表 10-1-1）。

表 10-1-1　学生任务分配表

班级		组号		指导教师	
组长		学号			
组员	姓名	学号	姓名	学号	备注

任务分工：_____

_____

_____

_____

》》工作准备（获取信息）

1. 阅读工作任务书，总结描述任务名称及要求。
2. 预习网络课程，熟悉 BIM5D 动态成本管理总体流程。

学习领域编号—10—1	学习情境　明确学习任务	页码：2
姓名：	班级：	日期：

⫸ 工作实施

收集进行 BIM5D 动态成本管理需要的信息资料数据。

⫸ 引导问题

进行 BIM5D 动态成本管理需要的信息资料数据有哪些？

⫸ 学习情境相关知识点

成本管理关键数据来源如图 10-1-1 所示。

数据名称	数据来源	作用
模型文件	文档管理	平台轻量化处理后，提供模型使用基础
进度计划	进度管理—实施计划	按计划查询统计成本数据
算量成果文件	算量软件（斯维尔算量 for Revit）	提供 BIM 算量数据，具备构件和量的关系
合同清单/人材价差清单	1. 计价软件（斯维尔计价软件） 2. 合同清单模板 3. 人材价差模板	提供目标成本的项、量、价数据，供 BIM 算量挂清单取价

图 10-1-1　成本管理关键数据来源

动态成本管理总体流程如图 10-1-2 所示。

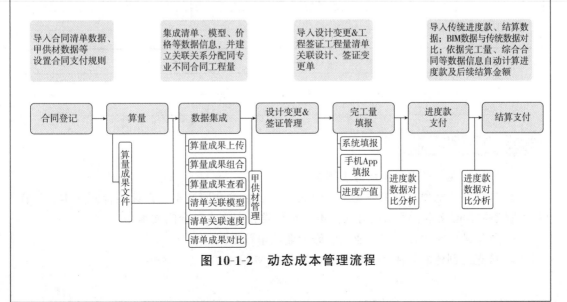

图 10-1-2　动态成本管理流程

239

学习活动2 清单关联模型、清单关联进度

学习领域编号－10－2	学习情境 清单关联模型、清单关联进度		页码：1
姓名：	班级：		日期：

能力目标

1. 能够掌握合同管理中合同清单数据、甲供材数据等导入的方法。
2. 能够掌握清单、模型、价格等数据集成的方法，能分配同专业不同合同工程量。

任务书

1. 基于某住宅项目，将合同土建专业、装修专业清单数据、甲供材数据导入到 BIM5D 成本管理模块，上传算量成果，并将算量成果组合，查看算量成果。

2. 基于某住宅项目，将土建专业清单关联模型、清单关联进度，并进行算量成果对比。

任务分组

填写学生任务分配表(表 10-2-1)。

表 10-2-1 学生任务分配表

班级		组号		指导教师	
组长		学号			
组员	姓名	学号	姓名	学号	备注

任务分工： _____

_____

_____

工作准备（获取信息）

1. 阅读工作任务书，识读施工图纸。
2. 准备某住宅项目施工类施工合同文本、设备类合同文本、设计类合同文本、工程技术服务类合同文本、采购类合同文本、销售类合同文本等合同文本。
3. 收集某住宅项目土建专业、装修专业清单数据。
4. 检查已创建的某住宅项目土建、安装 BIM 模型。

▶▶ 工作实施

1. 进行合同管理。
2. 查询进度产值信息。
3. 进行清单关联。

▶▶ 引导问题1

BIM5D平台如何添加合同？

【小提示】合同管理

项目管理者需要了解项目各个关键时间节点的项目资金计划，分析工程进度资金投入计划，根据计划合理调整资源，保证工程顺利实施，采用BIM5D软件结合现场施工进度，提取项目各时间节点的工程量及材料用量。

利用BIM5D进行成本管理，将合同清单文件导入BIM系统，与模型关联，为项目成本管理奠定基础。

通过同步ERP内工程施工类合同数据并手动分类、手动上传合同清单、手动上传甲供清单、手动添加所有类别合同付款计划、同步ERP合同付款信息并与ERP对接实现合同付款（资金单）的发起；手动添加非工程施工类合同、手动添加合同付款计划、手动添加合同付款信息实现对项目所有类别合同的管理。BIM平台合同管理中与ERP相关的工程类施工合同列表数据是通过同步ERP系统中的合同信息，系统会定时获取ERP中的合同信息。

（1）合同分类：BIM 平台定时自动同步 ERP 内工程施工类合同的表单信息及合同附件，第一次同步的合同，在左边合同分类内默认归纳至"同步未分类合同"节点内，显示名称为合同名称，同步之后可以采用拖拽所属合同至对应分类，实现调整所属分类。

（2）添加合同：在左边合同分类上选中对应分类的子节点，单击"添加合同"按钮，并在弹出的对话框内完成相关信息的填写，单击"确定"按钮即可完成合同的添加（图 10-2-1）。

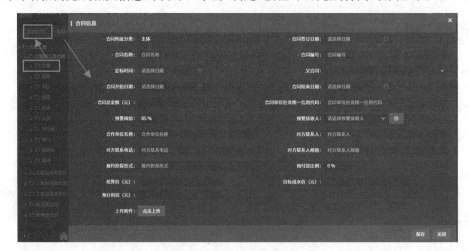

图 10-2-1　添加合同

单击具体合同，默认展示合同基本信息（图 10-2-2）。

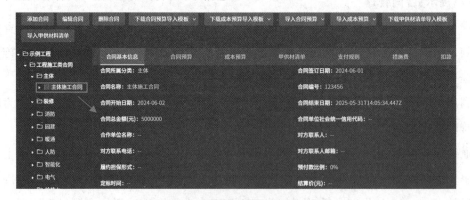

图 10-2-2　展示合同基本信息

>>> 引导问题2

BIM5D 平台如何导入合同清单？

【小提示】导入合同清单

选择对应工程施工类合同→单击"导入合同清单"→弹出的对话框内选择标准格式的 Excel 文件→选择要导入的 sheet→单击导入清单即可完成合同清单的导入(图 10-2-3、图 10-2-4)。

图 10-2-3 合同清单导入

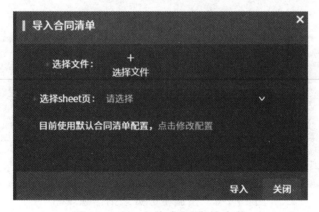

图 10-2-4 上传合同清单表格

甲供材清单的导入要依据配置的甲供材清单，导入对应配置好字段的模版数据，首先单击对应的合同和甲供材清单页，然后单击"导入甲供材清单"按钮，上传甲供材清单表格。将文件上传后，选择 Excel 文件对应的 sheet 页，最后单击"导入"按钮，合同清单即可导入成功。

>> **引导问题3**

如何设置措施费分摊规则？

【小提示】

措施费为完成工程项目施工，发生于该工程施工前和施工过程中非工程实体项目的费用。

选中合同，单击"措施费"按钮，再单击"编辑"按钮就可以添加措施费分摊规则（图10-2-5）。

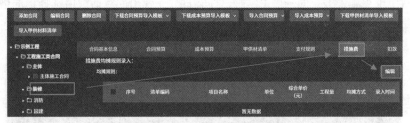

图 10-2-5　添加措施费分摊规则

填写清单编码、项目名称、单位、综合单价、工程量、均摊方式、录入时间信息，单击"保存"按钮，措施费的设置完成（图10-2-6）。

图 10-2-6　措施费分摊规则信息填写

>> **引导问题4**

如何上传算量文件并查看算量结果？

【小提示】

上传算量成果以方便在 BIM 协同平台更好地查看算量成果文件。

(1)上传算量成果。在算量成果上传页面，单击"新增"按钮，选择具体 rvt 模型目录，勾选需要算量的 rvt 模型，单击"添加"按钮把选中的 rvt 纳入模型组合列表，单击"保存"按钮即可在算量成果上传列表新增一条记录（注：选择的 rvt 模型必须是同时具备以下情况：成功转码、未锁定、有楼栋信息、审批通过）(图 10-2-7)。

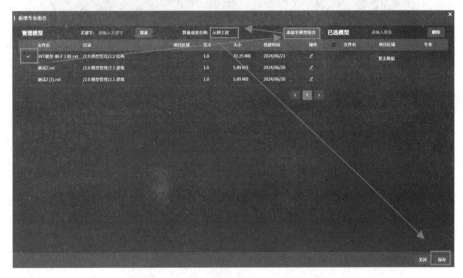

图 10-2-7 选择具体 rvt 模型目录

(2)选中一条数据状态为"暂存"状态的，单击"上传算量文件"按钮。选择对应算量成果文件(.bima、.bc-jgk)，单击"上传"按钮(图 10-2-8)。

图 10-2-8 上传算量文件

(3)平台解析数据后，单击"算量结果查看"可查看算量数据。算量结果查看，可通过筛选框筛选想要查看的项目区域，然后查看选定区域的实物量、清单量、钢筋量的详细信息，对这些信息也可通过"导出算量成果"按钮导出查看(图 10-2-9)。

图 10-2-9　算量结果查看

(4)若要删除算量结果，选中状态为"暂存"的模型组合，单击"删除"按钮即可删除(图 10-2-10)。

图 10-2-10　算量结果删除

(5)若需对算量数据更新，选中一条数据，单击"更新"，展示原组合内容，对原内容进行替换或修改后，重新输入模型组合名称，单击"保存"将会更新整个数据(图 10-2-11)。

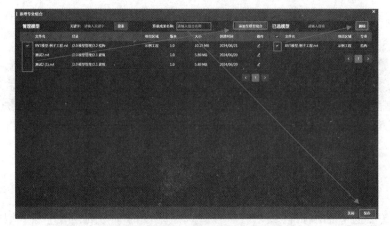

图 10-2-11　算量数据更新

该数据的算量结果状态变为暂存后，需要重新上传算量成果文件。

>>> 引导问题 5

如何进行算量成果组合？

【小提示】

算量成果组合能组合各专业算量成果文件，使各专业算量成果文件可以组合查看。

新增算量成果组合时只能新增同一楼栋的，将同一楼栋的算量成果进行组合，单击"新增"按钮，勾选同一栋楼的项目区域，再单击"添加"按钮并输入算量组合名称，单击"保存"按钮，算量成果组合就新增完成了(图 10-2-12)。

图 10-2-12　新增算量成果组合

>>> 引导问题 6

如何设置成本模型？

【小提示】

每个楼栋都可以设置一个成本模型。将算量成果组合设为成本模型后，对应楼栋模型的成本数据都以成本模型为准。选中需要设为成本模型的算量成果组合，单击"设为成本模型"即可(图 10-2-13)。

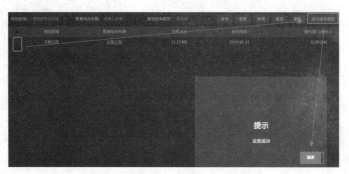

图 10-2-13　设置成本模型

若要复用算量成果组合，选中需要复用的算量成果组合，单击"复用"按钮，保存后将会新增一个算量成果组合。

引导问题7

如何将合同清单与算量成果关联？

【小提示】

合同清单内都有一个单价，与算量成果关联，可以快速算出工程基础成本。

选择对应合同，对应的合同清单和算量成果就会显示出来，勾选合同清单和算量成果，再单击"关联"按钮，即可实现合同清单和算量成果的关联(图 10-2-14)。

图 10-2-14　合同清单与算量成果关联

　　若要取消合同清单与算量成果关联，需先勾选合同清单，如有关联算量成果，则算量成果会以着重色显示，再点开算量成果并进行勾选，单击"取消关联"按钮即可取消关联关系(图 10-2-15)。

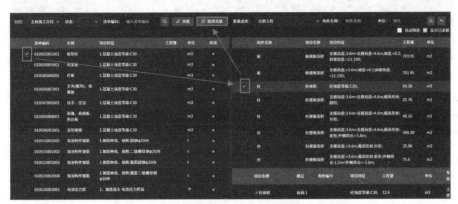

图 10-2-15　取消合同清单与算量成果关联

引导问题8

合同清单如何与进度关联？

【小提示】

　　清单与进度计划关联，方便后续到达某个进度节点时，得知对应清单的完成情况。选择合同后，展示合同清单。选择需要进行关联的合同清单与算量清单，单击"关联"按钮(图 10-2-16)。

图 10-2-16　清单与进度计划关联

清单与进度计划关联后，根据关联关系，可查看进度对应清单(图 10-2-17)。

图 10-2-17　查看进度对应清单

引导问题9

如何通过算量查看模型？

【小提示】

通过算量查看模型可按算量结果查看功能步骤进行查看，在算量数据查看功能中，可以通过算量查看模型，也可以通过模型查看算量(图 10-2-18)。

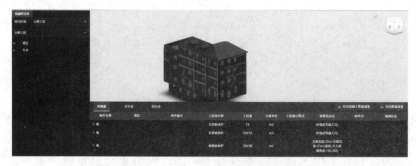

图 10-2-18　通过算量查看模型

引导问题10

如何在 BIM5D 平台上进行算量成果对比？

【小提示】

算量成果对比主要为了对比两个不同或相同（两次计算）算量成果文件数据差异。

单击"新增对比"按钮，会显示状态为"算量成果已上传"的模型组合，选择需要进行对比的两个文件并输入对比名称后，单击"保存"按钮，即可新增一条对比数据。其中，算量文件只能和算量文件对比，算量组合只能和算量组合对比（图10-2-19）。

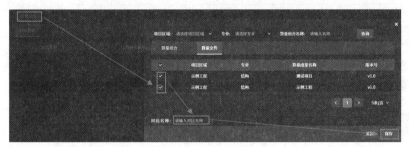

图 10-2-19　算量成果对比

引导问题11

如何查看算量数据对比明细？

单击新增数据后面的"查看明细"功能按钮，即可查看明细数据对比情况，明细列表将会显示清单编码、项目名称、工程量。勾选"只显示差异数据"列表自动筛选出有差异的数据项。BIM模型将两个算量文件具有差异的地方标红展示，方便定位差异点。

学习情境相关知识点

集成清单、模型、价格等数据信息，并建立关联关系，分配同专业不同合同工程量。

1. 以合同为主线，实现合同的分类管理

导入合同清单、甲供材清单、人材价差调整数据，录入支付规则、甲供材清单、措施费计算规则等信息，实现合同成本数据集成。

2. 成本数据集成

导入成本数据，通过合同清单关联模型等，实现以项目模型为基础，建立清单、合同、进度之间的关联关系，集成项目模型工程量、清单、合同等信息。

算量成果中已经实现了模型构件与量的数据关联，通过模型与清单的关联，则可实现模型构件与价的数据关联，从而实现"模型-量-价"三者的关联。

清单中有的量、价数据，但建模时未体现，可通过清单直接与进度计划关联，在进度管理模块中已经建立了计划与模型构件的关联关系，从而实现"模型-量-价"三者的关联。

依据关联后的关系，可根据楼层、专业等信息，实现多维度查看清单量、实物量、钢筋量等信息。

学习活动3 变更管理、人材价差管理、甲供材管理、支付管理、进度产值、物资管理

学习领域编号－10－3	学习情境	变更管理、人材价差管理、甲供材管理、支付管理、进度产值、物资管理	页码：1
姓名：	班级：		日期：

能力目标

1. 能够掌握变更管理、人材价差管理、甲供材管理的方法。
2. 能够掌握支付管理、进度产值、物资管理的方法。

任务书

基于某住宅项目，在BIM5D云平台中进行成本管理模块中的变更管理、人材价差管理、甲供材管理、支付管理、进度产值、物资管理。

任务分组

填写学生任务分配表（表10-3-1）。

表 10-3-1 学生任务分配表

班级		组号		指导教师	
组长		学号			
组员	姓名	学号	姓名	学号	备注

任务分工：_____

_____

工作准备（获取信息）

阅读工作任务书，总结描述任务名称及要求。

工作实施

在BIM5D云平台中进行某住宅项目成本管理模块中的变更管理、人材价差管理、甲供材管理、支付管理、进度产值、物资管理。

引导问题1

如何在BIM5D平台新增工程签证？

【小提示】

变更管理主要功能是将工程签证及设计变更对工程量及金额的影响纳入成本模块，便于计算时，不缺少设计变更及工程签证对金额的影响。

进入成本管理模块，选中合同，单击"新增签证"按钮，填写表单内容，再单击"导入清单附件"按钮，将签证清单列表上传（工程量和签证金额会自动填充），最后单击"保存"按钮后，工程签证就新增完成。

引导问题2

如何新增设计变更？

【小提示】

进入成本管理模块，单击"新增设计变更"按钮，填写表单数据，上传变更模型并单击"保存"按钮，新增设计变更就完成了。

引导问题3

如何进行成本的人、材、价差管理？

【小提示】

人材价差管理设置工程中人工、材料、机械的定额价格与概算或预算中采用的市场价格的差异。

新增人材价差。选中专业下的合同后，单击"添加"按钮，在合同下新增一条调差记录。选择具体的调差点，单击"导入人材调差"按钮，在弹出的对话框中将人材调差的Excel文件上传，选择调差清单sheet页，单击"保存"按钮。导入人才价差清单数据与合同清单需一致。

引导问题4

如何进行甲供材管理？

【小提示】

甲供材管理主要管理材料领取情况及统计领取情况，默认领取多少使用多少。

(1)新增领取材料(图 10-3-1)。选中合同，显示该合同甲供材领取情况，单击"新增"按钮，填写领取信息，上传领取依据上，单击"甲供物料列表"按钮，选择要领取的材料，保存后填写要领取的数量，单击"保存"按钮，材料领取即完成。

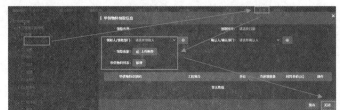

图 10-3-1　新增领取材料

(2)甲供材统计。选中合同的甲供材领取量、合同甲供总量、BIM 甲供总量，单击"操作"列的图标可查看领取明细。

引导问题

如何进行进度价款支付管理？

【小提示】

(1)支付。选中合同，选择需要计量的时间区间，单击"计算"功能按钮，平台将综合完工量、人材价差调整、签证等数据，计算在计量时间内所需支付的金额(图 10-3-2)。

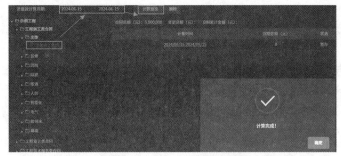

图 10-3-2　计算进度款

(2)查看明细。单击对应的计量时间，对话框中会显示对应时间的明细。包括有合同清单信息、签证信息、变更信息。基本信息展示计算的汇总数据(图 10-3-3)。

图 10-3-3　查看进度款计算明细

（3）查看 BIM 模型。单击"查看 BIM 模型"可查看被计算的清单体现在模型的哪些位置。

引导问题6

如何进行结算价款支付管理？

【小提示】

结算支付默认显示所有合同的结算列表信息，选中某个合同后，展示选中合同的结算信息，如果没有则表示该合同没有结算，对没有结算的合同，单击"结算"功能按钮，将会结算该合同，并综合甲供材、扣款、合同清单、签证等数据计算应支付金额。

（1）结算（图 10-3-4）。选中合同，单击"结算"按钮，平台计算该合同最终支付金额。

图 10-3-4　计算结算价款

（2）查看明细（图 10-3-5）。单击"合同名称"列，查看具体计算明细，包括合同清单信息、签证信息、甲供材信息、扣款信息、往期进度款支付信息等。

图 10-3-5　查看结算价款计算明细

（3）查看 BIM 模型。单击"查看 BIM 模型"，查看合同清单数据及合同所属模型在整栋楼中的分布情况。

学习领域编号－10－3	学习情境	变更管理、人材价差管理、 甲供材管理、支付管理、 进度产值、物资管理	页码：5
姓名：	班级：		日期：

>>> **学习情境相关知识点**

成本管理：

(1)预测每周、每月所需的资金、材料、劳动力情况，提前发现问题并进行优化。

(2)统计每一阶段的资金积累和累计资金量。

学习活动 4　评价反馈

学习领域编号－10－4	学习情境　评价反馈	页码：1
姓名：	班级：	日期：

能力目标

1. 小组成员能够总结算量成果组合、清单关联模型、清单关联进度、变更管理、人材价差管理、甲供材管理、支付管理、进度产值、物资管理的重要步骤。

2. 能够自检学习过程中的问题并及时改正。

任务书

对小组完成的成果进行修正总结。各组代表展示作品，介绍任务的完成过程。作品展示前准备（准备阐述材料），并完成下列学生自评表（表10-4-1）、学生互评表（表10-4-2）、教师评价表（表10-4-3）。

表 10-4-1　学生自评表

任务	完成情况记录
任务是否按计划时间完成	
相关理论完成情况	
技能训练情况	
任务完成情况	
任务创新情况	
材料上交情况	
收获	

表 10-4-2　学生互评表

序号	评价项目	小组互评	教师评价	总评
1	任务是否按时完成			
2	材料完成上交情况			
3	成果质量			
4	语言表达能力			
5	小组成员合作面貌			
6	创新点			

表 10-4-3　教师评价表

序号	评价项目	自我评价	互相评价	教师评价	综合评价
1	学习准备				
2	引导问题填写				
3	规范操作				
4	完成质量				
5	关键操作要领掌握				
6	完成速度				
7	参与讨论主动性				
8	沟通协作				
9	展示汇报				

注：评价档次统一采用 A（优秀）、B（良好）、C（合格）、D（努力）四个。

参考文献

[1] 朱溢镕，李宁，陈家志．BIM5D 协同项目管理[M]．2 版．北京：化学工业出版社，2022.

[2] 陈瑜．"1＋X"建筑信息模型（BIM）职业技能等级证书．学生手册．初级[M]．北京：高等教育出版社，2019.

[3] BIM 建模．深圳斯维尔科技有限公司．

http：//i. thsware. com/website/videocourse/details？id ＝ f3d87b4b-f6e8-40fe-8e6f-aa466aa67172

http：//i. thsware. com/website/videocourse/details？id ＝ 67508929-0fca-465f-9f63-07e7aa75ff44

http：//i. thsware. com/website/videocourse/details？id ＝ a52de430-ce08-4491-b14d-3faeee30bf41

[4] 斯维尔清单计价．深圳斯维尔科技有限公司．

http：//i. thsware. com/website/videocourse/details？id ＝ e7afc50d-7fd3-4d83-a358-12780e3d0e0c

[5] 斯维尔 BIM5D 云平台．深圳斯维尔科技有限公司．

http：//i. thsware. com/website/videocourse/details？id ＝ 8dbcea4c-ab0f-4641-a331-da28f0e11b3e

http：//i. thsware. com/website/videocourse/details？id ＝ ad029d67-3324-474b-ad60-3106b4fdab40

[6] 中华人民共和国住房和城乡建设部．GB 50300—2013 建筑工程施工质量验收统一标准[S]．北京：中国建筑工业出版社，2014.

[7] 中华人民共和国住房和城乡建设部．GB 50854—2013 建设工程工程量清单计价规范[S]．北京：中国计划出版社，2013.

[8] 中华人民共和国住房和城乡建设部．GB/T 51212—2016 建筑信息模型应用统一标准[S]．北京：中国建筑工业出版社，2017.

[9] 中华人民共和国住房和城乡建设部．GB/T 51235—2017 建筑信息模型施工应用标准[S]．北京：中国建筑工业出版社，2018.

[10] 王广斌．建筑信息模型（BIM）综合应用[M]．北京：高等教育出版社，2020.

[11] Project 操作小手册 https：//www.cnblogs.com/cnblogs-yue/p/14385754. html＃_label1_1